Newton
GRAPHIC SCIENCE MAGAZINE ニュートン

超効率 30分間の教養講座

だけでわかる！

快眠の科学

目次

プロローグ

1章 一目でわかる!　快眠への近道

2章 図解　睡眠のメカニズム

3章 睡眠負債(ふさい)は健康をおびやかす

Q&A

4章 ためになって面白い睡眠雑学

Q&A

プロローグ

日本は世界でいちばん“睡らない国”！

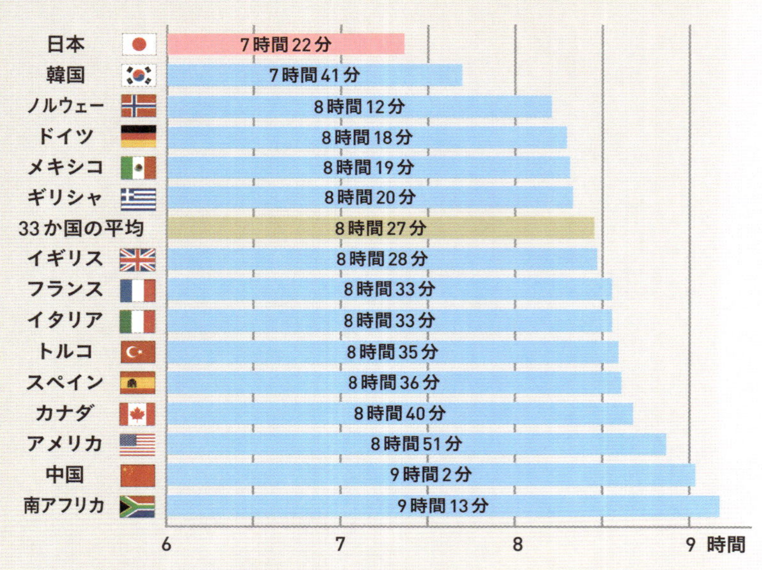

OECD, Gender Data Portal 2021: Time use across the world

STEP 1

日本人は世界的にみても睡眠不足の傾向にあるといわれている。OECD（経済協力開発機構）の統計『Gender Data Portal 2021』によると，日本人の睡眠時間は平均7時間22分である。これは，加盟国のうち調査が行われた33か国の中で最も短い。33か国の平均である8時間27分とくらべると，1時間以上も短いのだ※。

※：ただし，このデータは純粋な睡眠時間を調べたものではなく，床についてから眠りに入るまでの時間（入眠潜時）などが含まれている可能性がある。

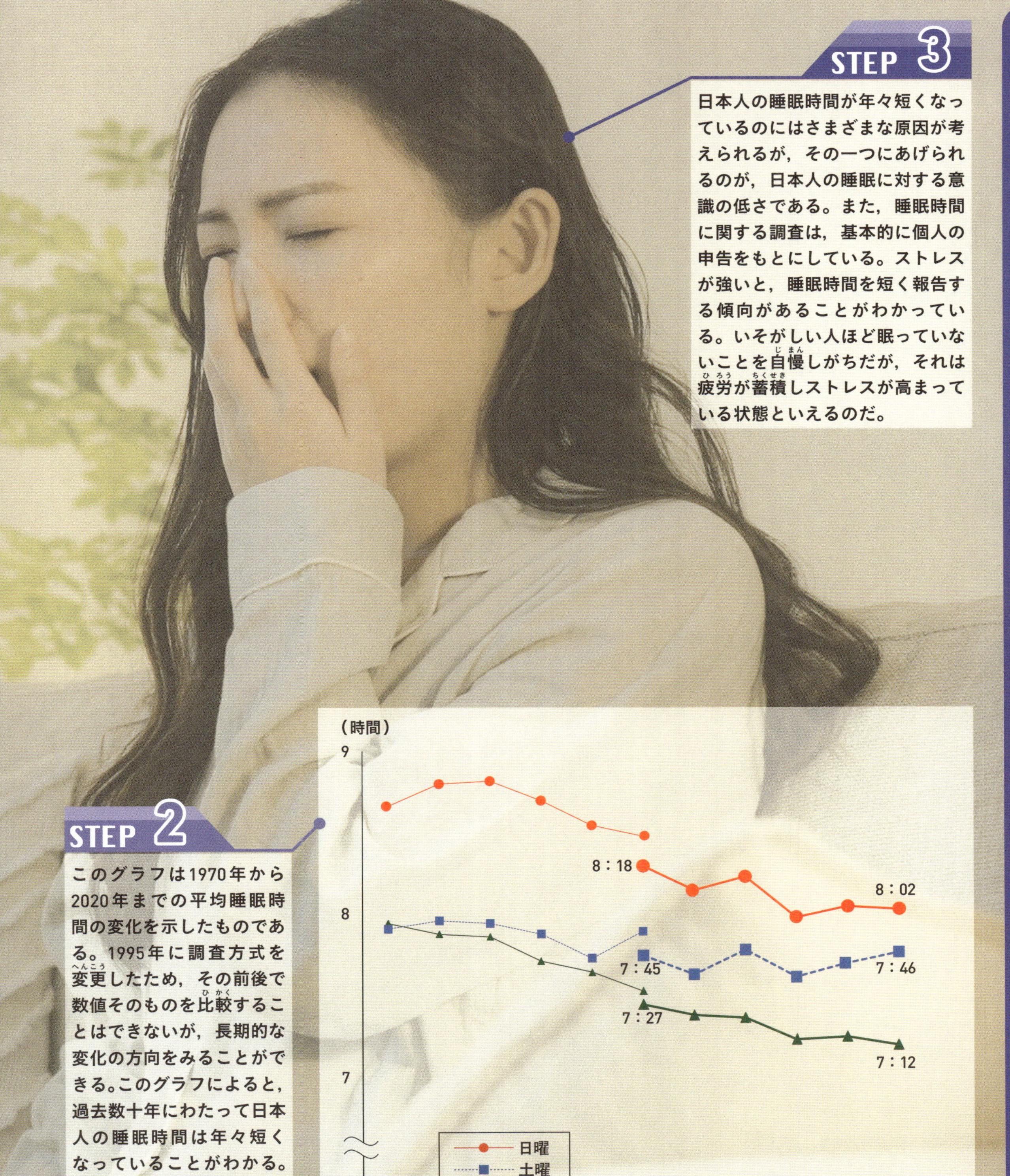

「NHK国民生活時間調査 2020」を改変

STEP 3

日本人の睡眠時間が年々短くなっているのにはさまざまな原因が考えられるが，その一つにあげられるのが，日本人の睡眠に対する意識の低さである。また，睡眠時間に関する調査は，基本的に個人の申告をもとにしている。ストレスが強いと，睡眠時間を短く報告する傾向があることがわかっている。いそがしい人ほど眠っていないことを自慢しがちだが，それは疲労が蓄積しストレスが高まっている状態といえるのだ。

STEP 2

このグラフは1970年から2020年までの平均睡眠時間の変化を示したものである。1995年に調査方式を変更したため，その前後で数値そのものを比較することはできないが，長期的な変化の方向をみることができる。このグラフによると，過去数十年にわたって日本人の睡眠時間は年々短くなっていることがわかる。なお，2010年以降の変化が少ないのは，これ以上，睡眠時間を減らすことがむずかしくなっているためと考えられる。

プロローグ

寝不足はパフォーマンスを大きく落とす

STEP 1

睡眠の役割の一つは，1日の活動で疲れた体を休めることだ。眠らなくても横になるだけで肉体的な疲労の多くは回復するというが，脳の機能低下は眠らないと絶対に回復しない。ただし，睡眠時に脳のすべてが“眠る”わけではない。脳は場所によって“眠る脳”と“眠らせる脳”に分けられる。眠る脳とは，知覚や思考，運動などをつかさどる「大脳」という部位である（図の青い部分）。睡眠時の大脳は，全体が一様に休むわけではなく，おきているときによく使った部分ほど深く眠ることがわかっている。

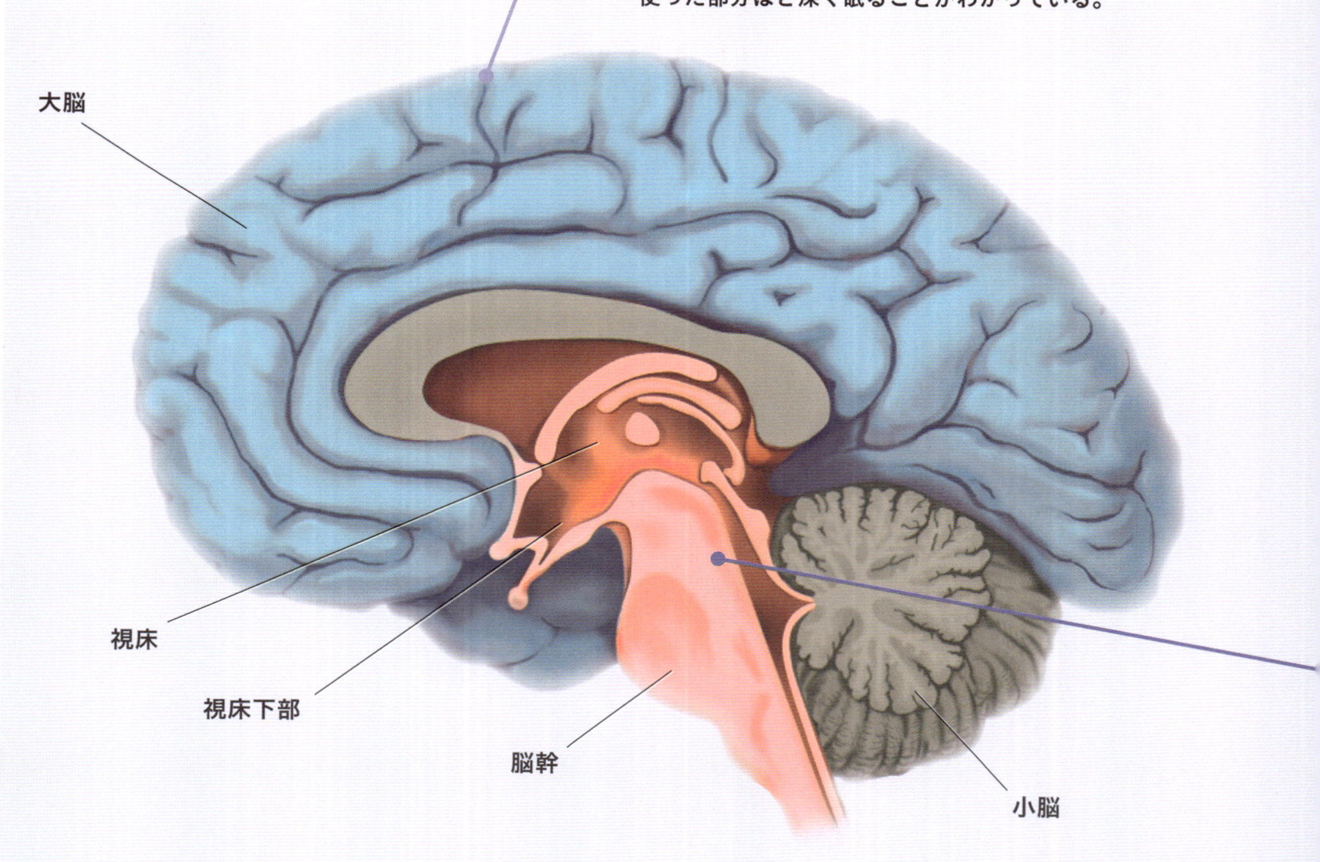

STEP 3

睡眠には，記憶や技能を定着させる役割もある。このグラフは，パソコンのキーボードの数字のキーを，30秒間に決められた手順でなるべくすばやく打つという課題を行ったときの成績を示したものだ。最初の測定から12時間後に2回目の測定，さらにその12時間後に3回目の測定が行われた。左の結果1は，実験参加者が2回目の測定後に睡眠をとった場合，右の結果2は，最初の測定後に睡眠をとった場合をあらわしている。いずれも睡眠をとったあとに成績が向上していることがわかる。睡眠は作業のパフォーマンスにも大きく影響しているといえるのだ。

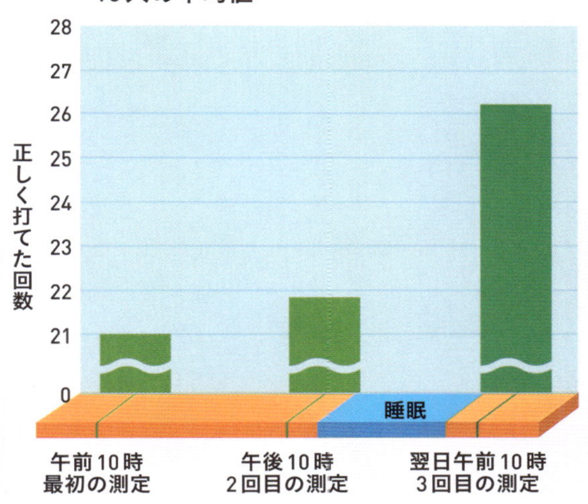

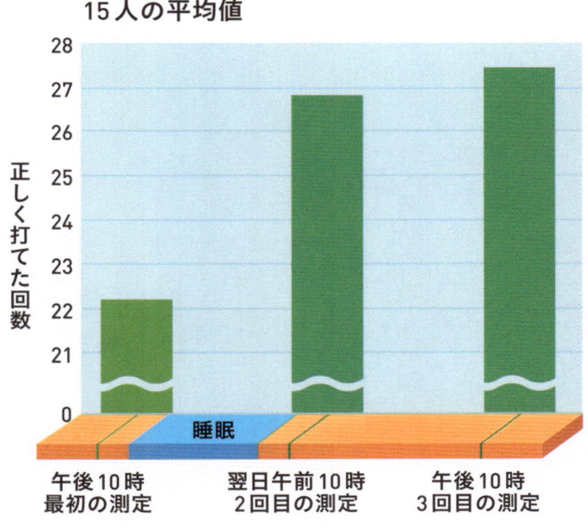

Walker et al., 2002を改変

STEP 2

眠らせる脳とは，「視床下部（脳幹の一部）」などの部位である（図の赤い部分）。視床下部は，呼吸や心臓の拍動の制御など，生命維持のための活動をつかさどる。また，睡眠や覚醒を制御しているのも視床下部である。眠るときには外界からの情報の入力をさえぎり，体が動かないように筋肉への指令も制限する。

プロローグ

そもそも“快眠（かいみん）”とは何だろうか

STEP 1

毎日の睡眠（すいみん）で，なかなか快眠が得られないと感じている人も多いだろう。そもそも，何をもって快眠とするのかは定義がむずかしい。生理学的見地から考えれば，快眠は，深く，長く，持続する睡眠をさす。しかし，アンケートを用いて行われる疫学（えきがく）研究で自覚的な睡眠の充実（じゅうじつ）度を調べると，生理学的にみると決してよい睡眠とはいえないようなパターンであっても「快眠だった」という結果になることがあるという。

STEP 2

睡眠充足度の指標に「睡眠休養感」というものがある。朝の目覚めのときに生じる休まった感覚のことだ。睡眠時間が短く，かつ睡眠休養感がないと，疲労回復が不十分になるだけでなく，免疫低下やホルモンバランスの乱れなど，健康にも悪影響をおよぼす。そこからさまざま病気や死亡のリスクにもつながるといった研究結果もある。また，睡眠休養感が低いと，日中の集中力や注意力が低下し，車の運転や機械作業などで事故をおこすリスクも高まる。快眠には十分な睡眠時間の確保だけでなく，睡眠の質も重要だといえるのだ。

1　一目でわかる！　快眠への近道

「睡眠(すいみん)サイクル」を正しく理解することが，快眠(かいみん)への第一歩

STEP 1

睡眠には「ノンレム睡眠」と「レム睡眠」が交互(こうご)におとずれる「睡眠サイクル」がある。快眠を得るには，まずこのメカニズムをよく理解する必要がある。通常，眠(ねむ)りに入ると，まずノンレム睡眠に入る。ノンレム睡眠は60分前後つづき，それが終わるとレム睡眠に入る。それが1回の睡眠中に4～6回程度くりかえされる。

STEP 2

1回の睡眠サイクルの長さは，おおむね90分である。その中に占(し)めるレム睡眠の割合は，一晩の睡眠中に徐々(じょじょ)に大きくなっていく。睡眠サイクルの長さには個人差があるだけでなく，同じ人でもばらつきがあり，日によって，また一晩の睡眠中でも変化する。ノンレム睡眠は，さらにステージ1からステージ3までの3段階に分けられる。ステージ1，2，3の順に進んだあとは，2，1ともどって1回のノンレム睡眠が終わる。ただし，いずれかのステージが飛ばされることもめずらしくない。

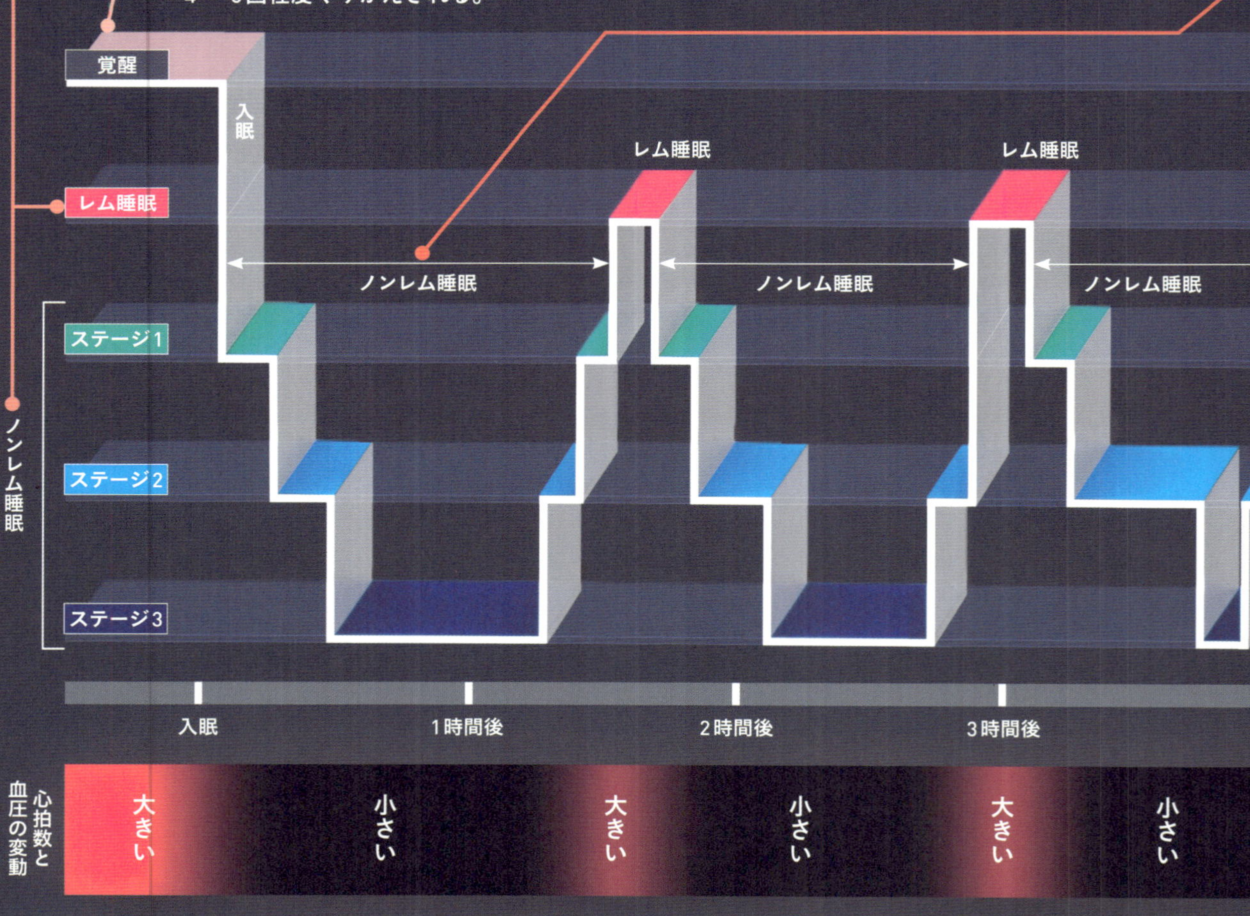

STEP 3

ノンレム睡眠のうち，ステージ1は浅い睡眠である。ステージ2と3はより深い睡眠であり，脳と身体を休息させる重要な役割がある。最初のノンレム睡眠にはステージ3が多く含まれるが，2回目以降はそれらの割合が少なくなっていく。したがって，少なくとも最初のノンレム睡眠をしっかりとることが，快眠の絶対条件といえるのだ。加えて，睡眠の後半の，覚醒が近くなるころのレム睡眠も快眠にとって重要であり，十分な回数の睡眠サイクルを連続してとる必要があるのだ。

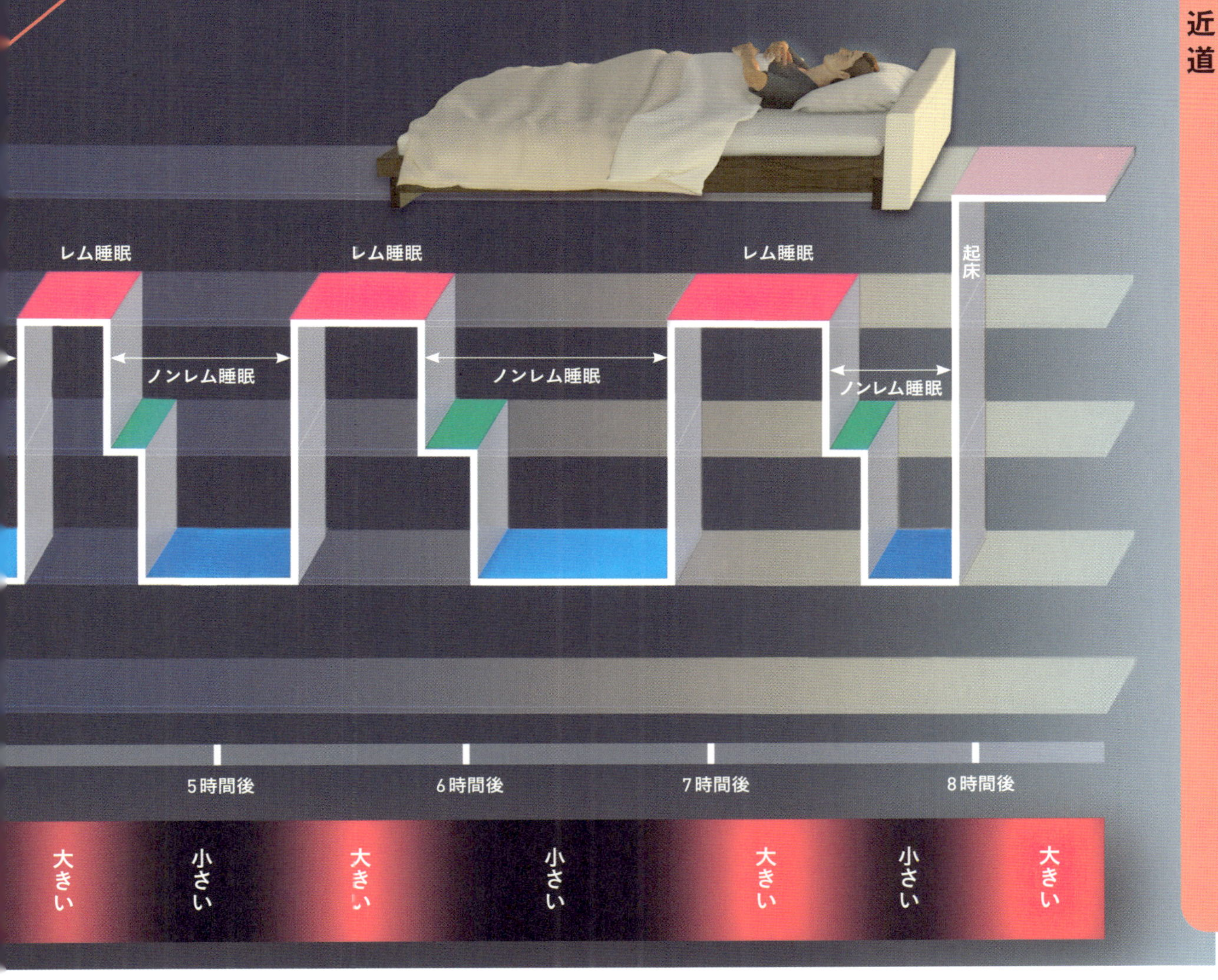

1　一目でわかる！　快眠への近道

快眠が得られる1日の過ごし方 ～午前編～

昼寝で午後の活動を活性化

STEP 3

昼食後などに眠気が高まった場合は，無理をせずに15分程度の昼寝をするとよい（24ページ）。最近では昼寝制度を導入し，仮眠室を設ける会社もふえている。逆流性食道炎（14ページ）をふせぐために，食後は寝転がらずに座ったまま眠るのがおすすめだ。ただし，夜の寝不足が原因で昼に眠気が高まる場合も多いので，まずは夜の睡眠時間をしっかり確保しよう。

朝の光をあびる

STEP 1

毎日質の高い睡眠をとるためには，生活習慣を規則的に行うことが大切である。まず1日のはじまりである目覚めのときには，朝の光をあびることが重要である。こうすることで体内時計がリセットされ，正常な睡眠リズムがつくられるのだ。また，覚醒前に光をあびると，レベル1や2のノンレム睡眠がつづき，爽快に目覚めやすい。

朝食をしっかり食べる

STEP 2

朝食はあまり食べない，早めの昼食ですませる，という人も多いかもしれない。しかし，夜によい睡眠をとるためには，昼間の活動量を高めることが重要である。そのためには，朝食をしっかりと食べるようにしよう。体内時計は朝の光だけでなく，朝食を食べることでもリセットされる。おきてから1時間を目安に食べるのが望ましいのだ。

1 一目でわかる！　快眠への近道

快眠が得られる1日の過ごし方 ～午後編～

運動や入浴は夕方～20時ごろに

STEP 2

スムーズな入眠のためには，体温調節も重要になる（16ページ）。入眠の際には，体の深部から皮膚へと放熱され，それに応じて眠気がおとずれる。そのため，入浴で上がった深部体温が下がりはじめる前に布団に入ってしまうと，眠気を感じにくくなるのだ。はげしい運動や熱いお風呂に入りたいという人は20時までにすませるとよい。一般的な40℃前後のお風呂に入る場合は，入眠の1～2時間前にすませるとよいだろう。

食事は睡眠の4～5時間前ごろまでに

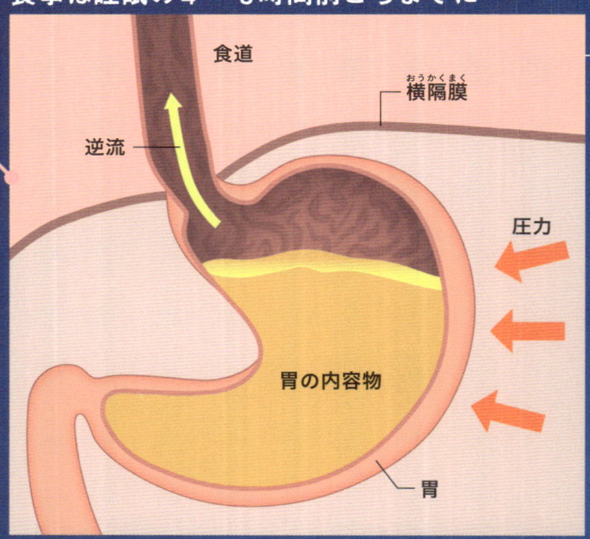

STEP 1

夕食は寝る4～5時間前ごろまでにとるのがよい。食べてすぐは消化活動が活発になっており，睡眠をさまたげてしまうためだ。また，胃の中に食べ物が残ったまま横になると，逆流性食道炎を発症しやすくなる。逆流性食道炎とは，胃に圧力がかかることで，胃の内容物が逆流してしまう症状である。ただし，あまりに早く夕食をすませるのもよくない。覚醒状態を維持するために重要な役割を果たしている「オレキシン神経」は血糖値の影響を受けることが知られており，空腹だと眠りにくくなるためだ。

夜は明るい光をさける

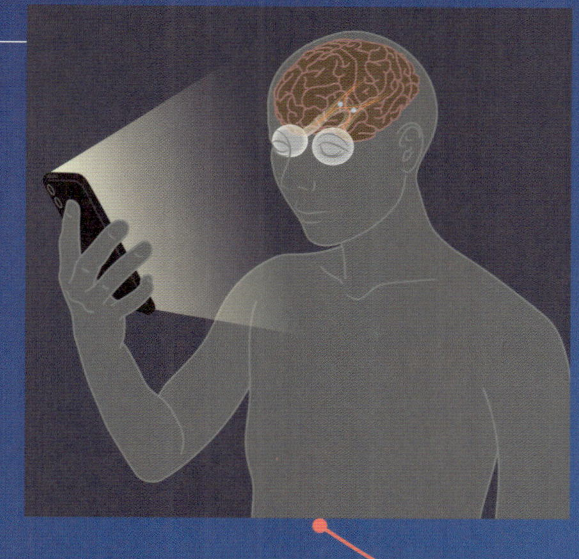

0 3 6 9 12 15 18 21

STEP 3

夜8時ごろからは，明るい光をあびないようにしよう。強い光をあびると，脳は「昼間の光」と誤認識して，体内時計がリセットされてしまうのだ。夜は部屋の照明の明るさをおさえるようにするのがよい。スマートフォンや電子書籍（しょせき）には，夜の時間に合わせて明るさなどを自動で調整してくれるものも多いので，そういった機能を活用するのもよいだろう。また，スマートフォンのコンテンツにはインタラクティブな操作が求められるものも多く，それも快眠をさまたげる要因となる。

1　一目でわかる！　快眠への近道

体温のコントロールで心地よい眠りへ

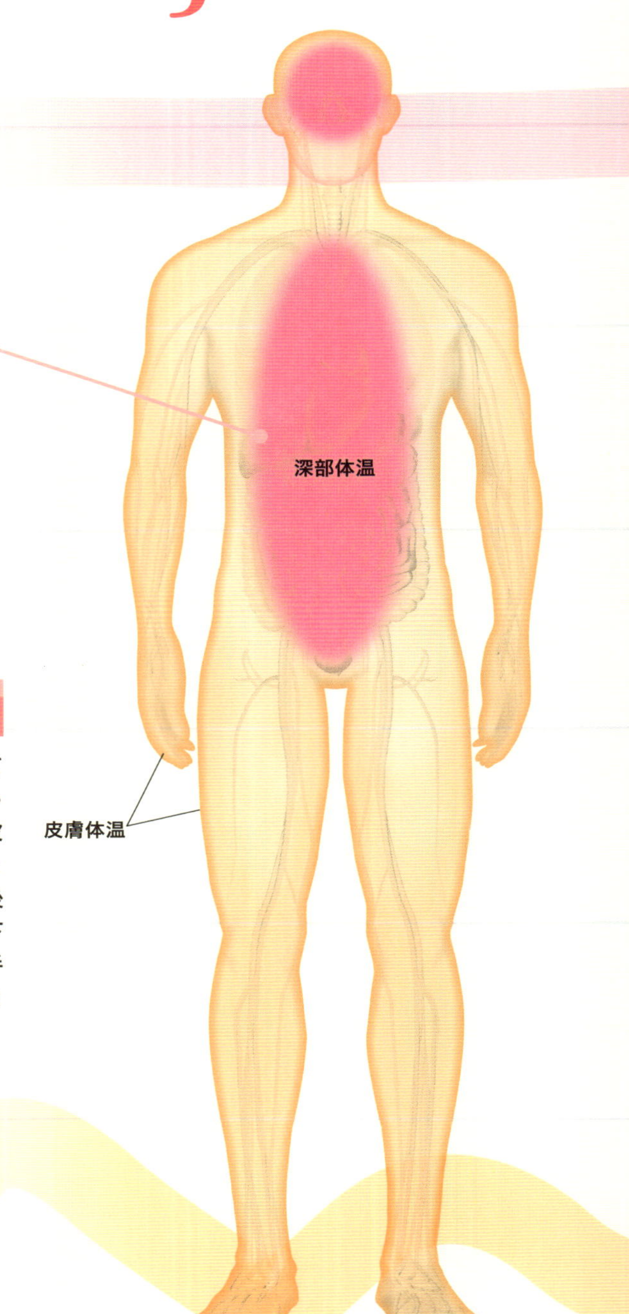

STEP 1

皮膚で測る「皮膚体温」に対して，主に直腸で測るのが「深部体温」だ。深部体温は脳や内臓における体温で，皮膚体温より3～5℃程度高くなっている。この深部体温は，体内時計による覚醒レベルと連動しており，夜9時くらいをピークに下がりはじめる（ピンクの曲線）。そして入眠の前後でさらに下がり，睡眠中に最も低温になる。

STEP 2

逆に皮膚体温は，入眠の前後で徐々に上昇していく（オレンジ色の曲線）。眠くなった赤ちゃんの手足が温かくなるのも同じ現象だ。この皮膚体温と深部体温の体温差の減少と，それにともなう体外への放熱がおきることが，入眠前後の特徴である。ただし，深部体温をとにかく下げれば眠れる，というわけではない。むしろ手足などの末梢が温かくなって放熱がおきることが，入眠に大事だと考えられている。

覚醒

入眠

深部体温

37℃

36℃

深部体温

放熱

35℃

体温差の減少

34℃

皮膚体温

33℃

32℃

皮膚体温

31℃

STEP 3

入浴で深部体温を上げることで，その後の深部体温低下をうながし，スムーズな入眠効果が期待できる。その際におすすめなのが，40℃程度のお湯に5～10分，額が汗ばむくらいにつかることだ。湯温が高すぎると，深部体温は上がるものの，体を興奮させる「交感神経」の活動が活発になってしまう。一方，ぬるいお湯に長めにつかる場合は，活発になった交感神経の活動が徐々におさまり，リラックスさせるはたらきをもつ「副交感神経」の活動が優位になってくるので，興奮を高めずに深部体温を高めることができる。

体温グラフの出典：Krauchi K, et al. The interrelationship between sleep regulation and thermoregulation. Front Biosci (Landmark Ed). 2010; 15: 604-625.

1　一目でわかる！　快眠への近道

イラストであらわす 理想の寝室3条件

STEP 2

二つ目の条件は「音」だ。40デシベルをこえる騒音は，睡眠をさまたげる刺激となる。とくに，人の話し声（50デシベル程度）には大きな覚醒作用がある。テレビや音楽プレーヤーは消すのが望ましい。特定の音楽やさざ波の音などを聴くほうが眠りやすいという人は，その習慣をつづけるとよい。ただ，その場合でも，オフタイマーを活用して，眠りに入ったあとは静かにするのがよい。

Good

STEP 3

三つ目の条件は「室温」だ。暑すぎたり寒すぎたり，湿度が高すぎたりといった環境も，睡眠の敵である。エアコンを切って寝るのは，快眠という観点からすればまちがいである。夏でも冬でも，夜の間中エアコンをつけて，快適な温度と湿度を保つのがよい。快適な温度は人それぞれである。エアコンをつけたままだと寝苦しいという人は，温度設定を見直すのもよい。ただし，冷風が直接体にあたるのはさけたほうがよい。

Good

STEP 1

理想の寝室環境の条件は三つある。その一つが「暗さ」だ。光は入眠をさまたげ，睡眠途中の覚醒をもたらす刺激である。就寝時の照明は，不安の解消や安全の確保など必要最小限の，10ルクス以下の明るさのものにするのがよい。また，体内時計をリセットし，正常な睡眠リズムをつくるために，起床前後に朝の光をあびれるとよい。寝室のカーテンは，夜に外がまぶしい環境でないかぎり，ある程度光を通すものが適している。ただし，夏は日の出が早く，睡眠時間を確保できないこともあるため，遮光カーテンを使うほうがよいこともある。起床後はカーテンをあけるようにしよう。

睡眠時

起床時

自分に合った寝具の選び方をしよう

STEP 2

掛け布団は，布団内部の温度や湿度を調整するという役割をもつ。16ページでみたように，眠る前には深部体温が下がり，眠っている間に徐々に上がっていくことになる。このとき，暑すぎたり寒すぎたりすると深部体温に影響するので，私たちは無意識に布団をはねとばしたり，かぶったりして体温を調節しているのだ。そのため，暑ければ1枚はがし，寒ければ1枚重ねるといった調節ができるように，掛け布団や毛布は2枚以上重ねがけするといいだろう。

STEP 1

快眠には，寝具選びも重要になってくる。敷布団やマットレスは眠っていて気持ちいいもの，寝返りを邪魔しないものを選ぶことがポイントだ。やわらかすぎる寝具や衝撃吸収素材をふんだんに使った寝具は，体が沈みこんで正しい寝姿勢が保てず，寝返りも打ちにくくなる。寝返りは血流がとどこおったりすることをさけるための生理的な反応なので，なるべく自然に寝返りを打てる寝具を選ぼう。逆にかたすぎると，体が痛くて心地よくない。敷布団やマットレスは，今使っているものを基準にして，よりかたいものがよいのか，やわらかいものがよいのか，考えてみることをおすすめする。

STEP 3

敷布団やマットレスで重要になるのは，寝たときの姿勢維持と体圧分散である。しかし一方で，姿勢維持の機能と体圧分散の機能はトレードオフの関係にある。そこで検討したいのが，枕の高さやかたさだ。両端が高くて真ん中が低い枕は非常に合理的で，横向きに寝たときに適切な位置で頭を支えてくれるといえる。ただし，睡眠の質を向上させる枕もまた，一人ひとり向き不向きがあるため，どういったものが自分の体に合っているのか試してみることが必要である。

1　一目でわかる！　快眠への近道

睡眠日誌を使って，自分の眠りを可視化

STEP 1

一般的に必要な睡眠時間は1日7時間程度だといわれている。しかし，実際には個人差があり，1日6時間ですむ人もいれば，8時間でも足りない人もいる。自分に必要な睡眠時間がどれくらいなのかを知ることが大切なのである。そこでおすすめなのが，「睡眠日誌」をつけることである。これは2週間分の睡眠時間を記録できるものだ。その日の入眠から翌日の起床までの睡眠時間を，ペンなどで塗りつぶして記録していく。なかなか寝つけなかったり，途中で目が覚めたりしたときは，その時間帯も記録する。ぐっすり眠れたかどうか，目覚めがよかったかどうかなど，睡眠の質についてのメモも残すとよい。睡眠日誌をつけられるアプリを活用するのもおすすめだ。

	正午	午後2時	午後4時	午後6時	午後8時	午後10時	深夜0時	午前2時	午前4時	午前6時	午前8時	午前10時	正午	メモ
月　日（月）														
月　日（火）														
月　日（水）														
月　日（木）														
月　日（金）														
月　日（土）														
月　日（日）														
月　日（月）														
月　日（火）														
月　日（水）														
月　日（木）														
月　日（金）														
月　日（土）														
月　日（日）														

STEP 2

2週間分の睡眠日誌を記録したら，平日と休日の睡眠時間をくらべよう。平日と休日の睡眠時間にほとんど差がなければ，それが自分にとっての必要な睡眠時間なのだ。より正確に確かめるには，たとえば「毎日7時間眠る」と決めて1～2週間過ごし，もっと寝たいと思わなければ7時間が必要な睡眠時間である。もっと寝たければ30分ずつ長くし，それほど多くは眠れなければ30分ずつ短くして確かめていけばよい。

健康な睡眠の例

午後6時　入眠時刻　深夜0時　午前6時　起床時刻

曜日	睡眠時間
月	7.5時間
火	7.5時間
水	7.0時間
木	7.5時間
金	8.0時間
土	7.5時間
日	7.0時間

STEP 3

平日は決まった時刻におきるため睡眠時間が足りず，そのぶん休日は平日よりも遅い時間まで寝てしまう人も少なくないだろう。その結果，睡眠の中央時刻（入眠から起床までの中間時刻）に，平日と休日とでずれが生じることを「ソーシャル・ジェットラグ（社会的時差ぼけ）」とよぶ。これこそ，睡眠不足が積み重なって慢性化した，いわゆる「睡眠負債（52ページ）」とよばれる状態である。

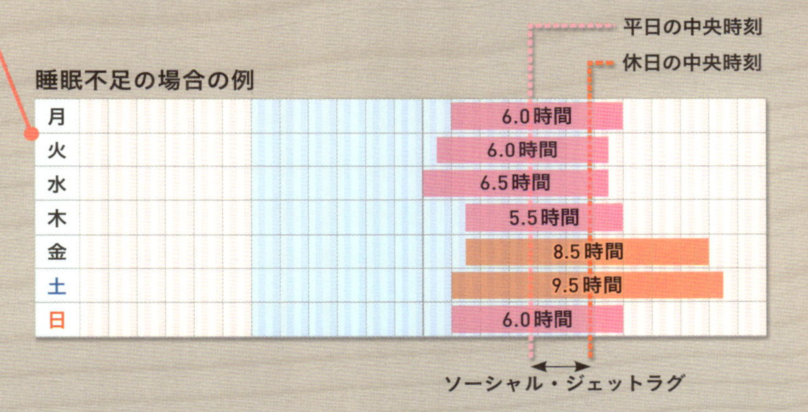

1　一目でわかる！　快眠への近道

昼寝を効果的に取り入れよう

STEP 1

昼食を食べたあとに眠くなる理由は主に二つある。一つは「体内時計」だ。ヒトは基本的に朝になると目覚め，夜になると自然と眠くなる。しかし実際には，起床してから6～8時間後にも小さな眠気のピークがおとずれる。これがちょうどお昼すぎの時間帯にあたる。もう一つは「血糖値の上昇」だ。食事をとると血糖値が上がり，覚醒状態を維持する作用をもつ「オレキシン」という脳内物質を分泌する神経細胞の活動が弱まる。これによって眠気が出てくるのだ。

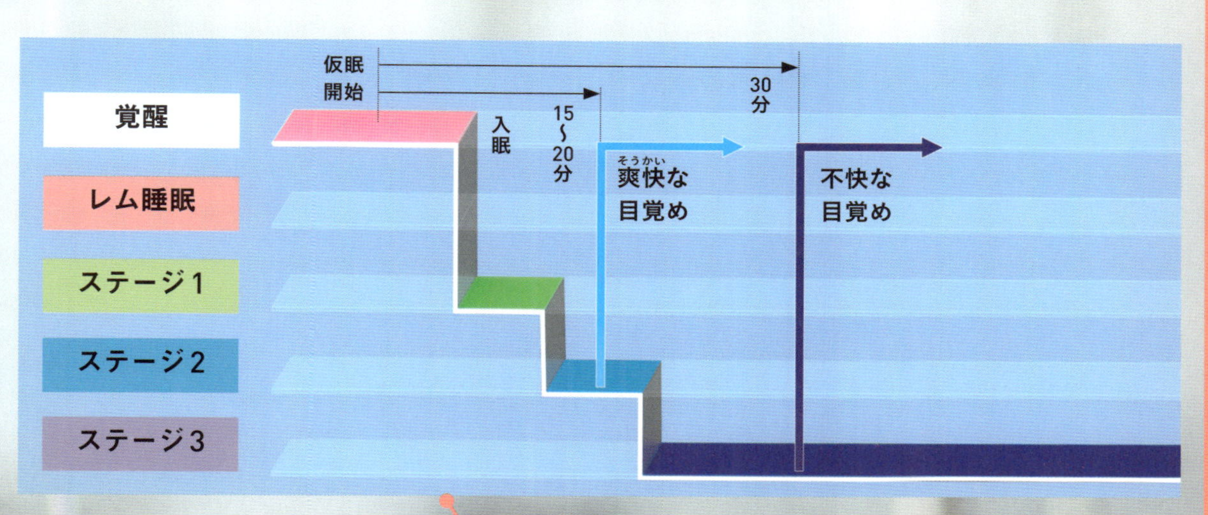

STEP 2

昼食後に眠気を感じたら，適度に昼寝をとるほうがすっきりして，午後の活動もはかどる。ただし昼寝の時間は15～20分程度にしておこう。これは睡眠サイクルにおけるノンレム睡眠のステージ2に該当し，ここである程度眠気が解消されるため，すっきり目覚めることができるのだ。30分以上長く昼寝をしてしまうと，深い眠りに入ってしまい，不快な状態で目覚めたり，おきたあとも頭がぼーっとしたりして，疲労感が増してしまうことがあるため，逆効果となってしまう。

STEP 3

ステージ2に入ると姿勢を保つ筋肉がゆるむため，座って寝る場合は枕を使うなどして，首をしっかり支えるとよい。また，昼寝をとる場合は，午後2時までにしておこう。それ以降に昼寝をすると，夜の睡眠に影響が出る可能性がある。

1　一目でわかる！　快眠への近道

寝る前に明るい光をあびないことが大事！

STEP 2

体内時計は全身のすべての細胞にそなわっているが，それらを制御するマスタークロック（基準となる時計）は脳の「視交叉上核」とよばれる部位にある。このマスタークロックの時計の針は，朝早い時間に強い光をあびることでリセットされる。しかし，夜遅い時間にあびてしまうと，この時計の針が1～2時間ほど巻きもどされてしまうのだ。

スマートフォンなどの光

STEP 1

寝る直前まで，白くて明るい照明がついた部屋ですごす習慣はないだろうか。夜に目に入る明るい光は睡眠をさまたげるので要注意だ。夜の時間帯になったらリビングや寝室などの照明の光を極力おさえるようにしよう。通常，夜になると，脳の視床下部の松果体から「メラトニン」という神経伝達物質が分泌されることで，眠気が強くなる（40ページ）。しかし，夜の明るい光には，「直接の覚醒作用がある」「体内時計を乱し，メラトニンが分泌されるタイミングを遅らせる（STEP2）」「体内時計と関係なくメラトニン分泌を直接に抑制する」といった作用がある。その結果，入眠しにくくなるのだ。ひどくなると，昼夜が逆転して，夜に眠気を感じない，日中に眠気を感じる，ということになりかねないので注意が必要である。

視交叉上核

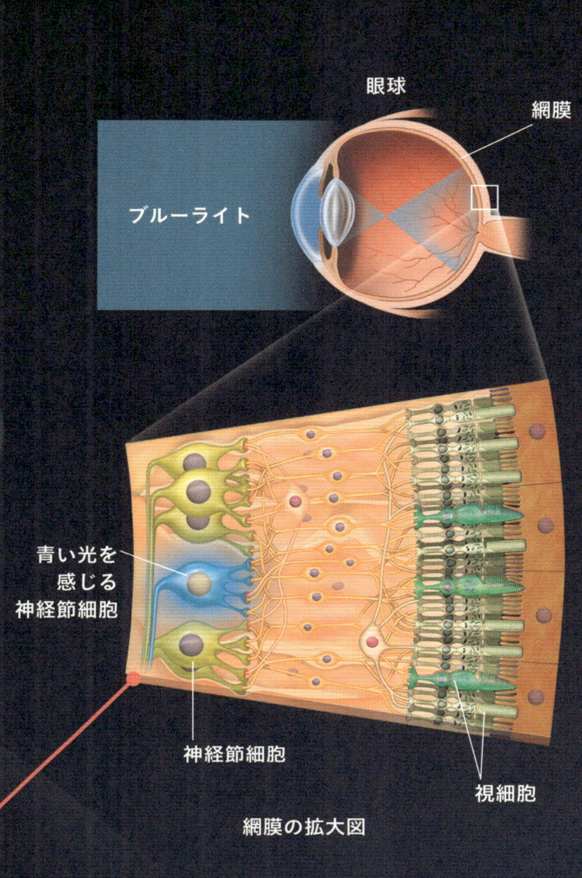

網膜の拡大図

STEP 3

LED照明やスマートフォンなどの人工光源には「ブルーライト（約380～500nmの波長の光）」が含まれる※。目の網膜には光を捉えるセンサー（視細胞）が並んでおり，キャッチした信号を脳へと中継するのが網膜の「神経節細胞」である。この神経節細胞の一部はブルーライトを感じることができ，その信号が視交叉上核にある体内時計を調節している。ブルーライトはこのルートを通じて，体内時計をくるわしてしまうのだ。夜はスマートフォンに搭載されている明るさなどを調節する機能を活用し，暗い部屋でスマートフォンの明るい画面を見ないようにするのがよいだろう。

※：ブルーライトは太陽光にも含まれている。

1　一目でわかる！　快眠への近道

質のよい眠りをサポートする快眠テクノロジー

STEP 3

脳波を測定して，睡眠の状態などを正確に解析するタイプもある。睡眠時の脳波の測定は，通常，医療機関に宿泊して行われることが多い。だが，株式会社S'UIMINが筑波大学国際統合睡眠医科学研究機構と共同で開発した睡眠脳波計測サービス「InSomnograf※2」は，自宅でも簡便に装着ができるすぐれものだ。寝心地をさまたげない状態で，専門機関とほぼ同等の精度の測定結果が得られる。また，AI解析システムによって，「眠りの深さ」「レム睡眠の割合」「睡眠効率」など20種類以上の睡眠指標を自動的に算出することができる。

※2：現在は，個人の睡眠改善のために健診センターや医療機関，あるいはインターネット申しこみを通じて貸与されて家庭で使われたり，睡眠関連商品を開発している企業の商品評価に使われたりしている。

STEP 1

テクノロジーを用いて睡眠の状態を把握し，睡眠の質や量を改善しようとする製品や技術を「スリープテック」とよぶ。スリープテックにはさまざまな種類があるが，その一つが「ベッド型」だ。高機能マットレスを愛用しているという人も少なくないだろう。近年はそれに加えて，センサーやスマートフォンを使うことで，さらに積極的に睡眠の質をよくしていこうという動きがみられる。体温を検知してマットレスの表面温度を変えたり，人体の動きに合わせてゆっくりと変形したりするベッドなどが登場しているのだ。このイラストは，西川株式会社の「[エアーコネクテッド]SXマットレス」である。専用アプリと連携させることで，睡眠に関するデータを計測し，個人に合わせた睡眠環境制御やアドバイスを行うことができる。

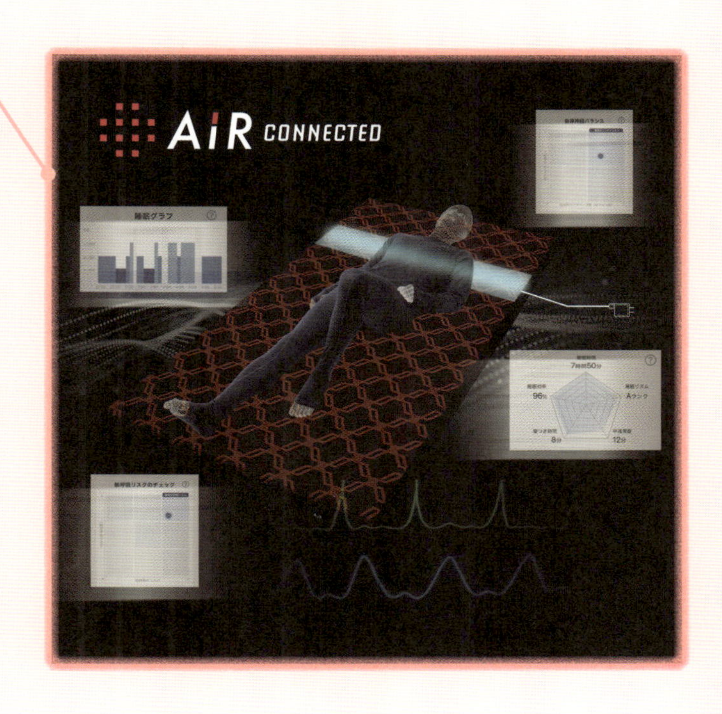

STEP 2

スマートウォッチのようにウェアラブルデバイスに搭載された加速度センサーや心拍計などを使って，睡眠の時間や深さを計測するタイプもある。睡眠サイクルを測定し，グラフにして見える化することができるので，よく眠れているかどうかなどを確認することができる。腕時計型は最も種類が多く，正しく装着できれば比較的高精度の睡眠測定が可能といわれている。高機能のスマートウォッチでは，皮膚の温度，血中酸素飽和度※1などを計測することもでき，睡眠サイクルを判定することも可能だ。写真はGoogle社の「Fitbit Sense 2」である。

※1：Fitbit Sense 2では，「血中酸素ウェルネス」という名称を使用している。

1 一目でわかる！ 快眠への近道

Q&A

Q/ 眠れなくても，とりあえず布団に入ったほうがよい？

A/ 今日は早く寝たいのに，なぜだか眠れない……，という経験はないだろうか。そんなとき，「眠くなくてもとりあえず布団に入って目をつぶる」という人も多いだろう。しかし，無理に寝ようとするのは逆効果になりやすいのでおすすめしない。「眠らなければ」という意識で頭がいっぱいになると，よけいに眠れなくなるからだ。

そういうときは，いったん布団から出て，眠気が来るのを待つのがよい。目安として，布団に入って15分以上たっても入眠できないときは一度おき上がり，寝室から別の部屋に移動しよう。そして，椅子に座って紙の本を読むなどして，自然と眠くなるのを待とう。このとき，部屋の照明はやや暗めにするのがポイントである。また，リラックスできるような動画や音楽を利用するのも一つの手である。

Q/ 寝る前に音楽を聴くと，睡眠の質が悪くなる？

A/ 理想の寝室の3条件（18ページ）に「音」があるように，静けさを保つことは快眠を得るための重要なポイントである。それは，単に音が気になって寝つきにくい，というだけではない。

突然，脳内である曲のメロディーやフレーズが延々とくりかえされてしまい，頭からはなれなくなるといった経験はないだろうか。この現象を「イヤーワーム」とよぶ。アメリカのベイラー大学の研究チームは，寝る前に音楽を聴く行為がイヤーワームをおこし，睡眠に悪影響をおよぼすかどうかの検証を行っている[※1]。それによると，イヤーワームがおきた人は，入眠にかかる時間が長くなったり，覚醒の回数が多くなったりするなどといった結果がみられたという。

また，18ページでも紹介したように，寝ている間にも人は他人の声に強く反応するという研究結果もある[※2]。この研究によると，睡眠中に知らない人の声を聞くと，「微小覚醒」というごくわずかな覚醒状態になるというのだ。これらの研究を考慮すると，入眠前後に音楽プレーヤーやテレビなどをつけっぱなしにするのは，睡眠の質を下げているといえるのだ。

Q/ スマートフォンがよくないのは，ブルーライト以外にも理由がある？

A/ 就寝前のスマートフォンが睡眠障害を引きおこす別の理由に，「スマートフォンによってネガティブな情報に触れすぎてしまうこと」があげられる。大きな災害があったときやコロナ禍のときなど，「寝る前についついネガティブなニュースや投稿ばかりさがし，読みつづけてしまった」という経験はないだろうか？

このような，インターネット上で悲観的なニュースやSNS投稿をスクロールしつづけてしまう現象は，「ドゥームスクローリング」とよばれる。ニュースアプリやSNSは，アルゴリズムによってユーザーが興味をもつ情報を次々に提供するようにできている。つまり，社会でネガティブな出

来事がおきると　だれもがドゥームスクローリングのリスクにおちいってしまうのだ。

では，ネガティブなコンテンツをさけて，おもしろい動画やゲームを楽しむならよいかというと，それも快眠をさまたげる原因となってしまうので要注意だ。利用者の操作が要求されるゲームやショート動画は中毒性が高く，睡眠時間をけずる原因の一つにもなりうる。コンテンツの内容がポジティブであってもネガティブであっても，インタラクティブな操作が求められるものは睡眠をさまたげるので，ひかえたほうがよいのである。

スマートフォンが強い光を発しない状態にして，リラックスできるようなコンテンツを利用する分には問題ない。しかし，ついついスマートフォンを操作してしまうという人は，寝室に入る30分〜1時間前にはスマートフォンにさわらないようにし，ベッドには持ちこまないようにするとよい。大事なのは，スマートフォンと上手に付き合っていくことなのである。

Q/ 寝る前にお酒を飲むとよく眠れる，というのはほんとう？

A/ 眠れない夜にお酒を飲むという習慣がある人もいるだろう。いわゆる「寝酒」というものだ。お酒を飲んでから寝るとふだんより早く入眠できることが知られており，実際に脳波を測定すると，ノンレム睡眠の時間が長くなる傾向がある。

しかし，入眠のためにお酒を飲むという行為はおすすめできない。寝酒をすると夜中に目が覚めやすく，睡眠が浅くなるため，よい入眠方法とはいえないのだ。お酒のアルコール成分であるエタノールは，体の中で「アセトアルデヒド」という物質に変化する。このアセトアルデヒドが体を活発にする交感神経系を刺激することで，眠りが浅くなってしまう。お酒には利尿作用もあるため，夜中に目覚めてしまうことにもつながるのだ。また，アルコールにはリラックスや幸福感をもたらす神経伝達物質の「GABA」と同じような作用があるが，こうした作用を引きおこすためのアルコールの必要量は少しずつふえていくとされており，依存症などにつながる危険性もある。

睡眠科学の観点から飲酒を許容できる範囲は，寝る時刻の4時間前までに，20グラムまでのアルコール量を摂取する，というものだ。これはだいたい，ビールだと500ミリリットル，日本酒だと1合程度，ワインだとグラス2杯分くらいの量にあたる。実質，眠るためにお酒を飲むのはさけたほうがよいといえる。飲まないと眠れない人は医療機関を受診して，睡眠薬を処方してもらおう。そのほうが体にも，脳のためにもよいといえる。また，たばこも交感神経を優位にする作用がある。寝る前にたばこを吸うのはひかえたほうがよいだろう。

Q/ スリープテックにはほかにもどんなものがあるの？

A/ 28ページで紹介したもの以外にも，さまざまなスリープテックの開発が世界各国で進められている。たとえば，指輪型の睡眠測定ツールだ。腕時計型にくらべると計測の精度がややおとるものの，腕時計型だと着用時の違和感が気になるという人には向いている。腕時計も指輪も寝るときに身につけたくないという人に向いているのがパジャマ型だ。パジャマのポケットにセンサーが取り付けられて計測している。

また，寝ている間の睡眠中の心拍数・ストレス指数などを独自のアルゴリズムで分析し，利用者が悪夢を見ていると判断した場合に，Apple Watchを振動させて夢を中断させる，というアプリも存在する。

※1：Scullin MK, et al. Psychol Sci. 2021; 32: 985-997.
※2：Mohamed SA, et al. J Neurosci. 2022; 42: 1791-1803.

2　図解　睡眠のメカニズム

ノンレム睡眠中の脳は，休止しているわけではない

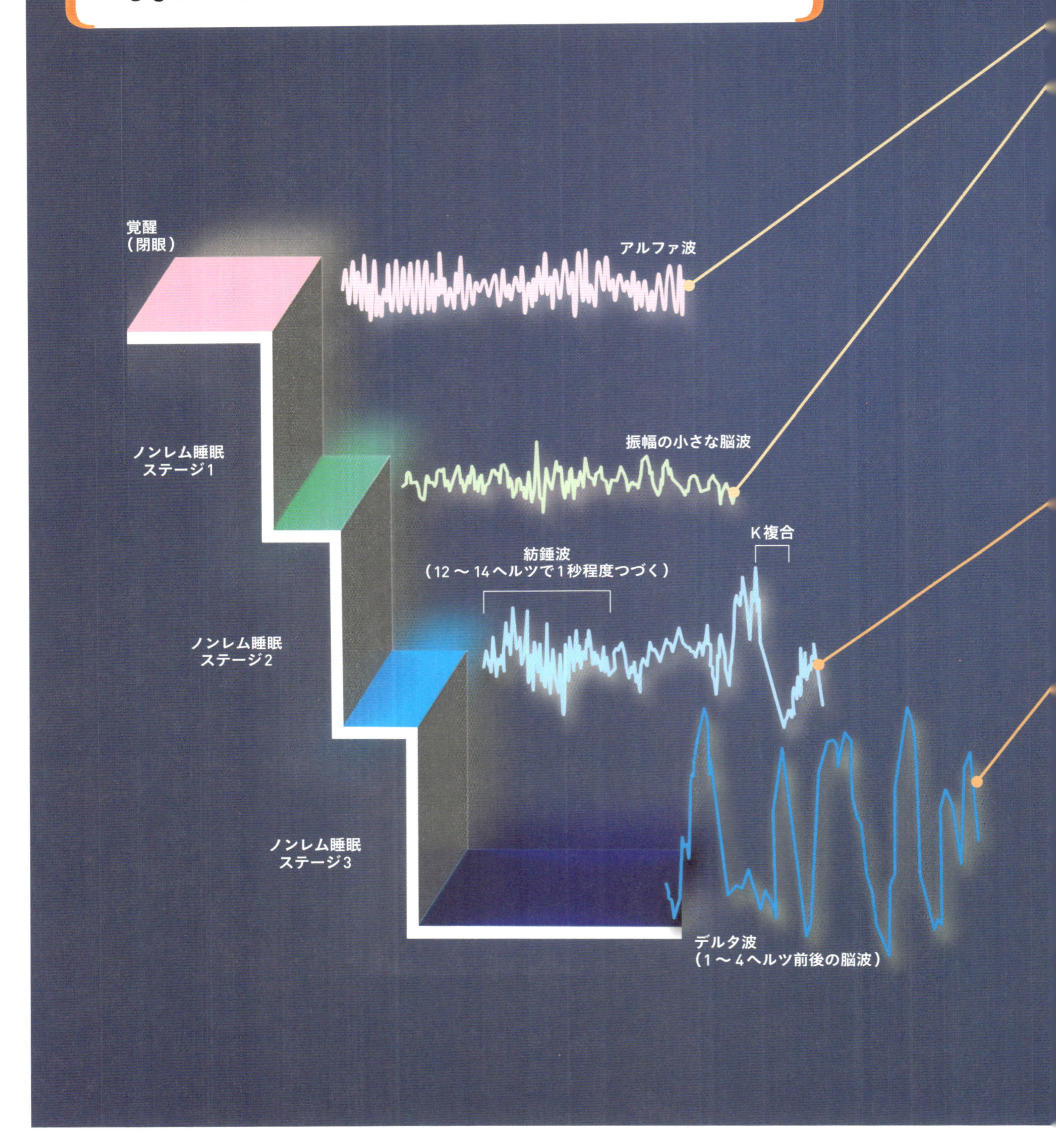

STEP 1

ノンレム睡眠時のステージのちがいは，睡眠中にみられる「脳波」を計測することで区別することができる。脳波とは，頭表につけた電極から読み取る電気信号の波で，脳の神経細胞(さいぼう)の活動に由来する。多数の神経細胞の電気信号が生じるタイミングがばらばらだと脳波は小きざみになり，同期するほどゆっくりに波打つと考えられている。覚醒(かくせい)時に目をとじてリラックスした脳では，アルファ波とよばれる脳波がみられる。ステージ1に入るとアルファ波は消えて，振幅(しんぷく)の小さい脳波があらわれる。

STEP 2

ステージ2に入ると，さらに小きざみな脳波（紡錘波(ぼうすいは)）がみられるようになる。ステージ2は睡眠全体で最も長い時間を占(し)め，中間的な深さの眠(ねむ)りで，ここで眠気(ねむけ)の解消も進む。ステージ3に入ると，1秒間に1～4回程度のゆっくり振動(しんどう)する脳波（デルタ波）があらわれる。この波は，大脳の神経細胞がいっせいに休んだり活動したりを1秒に数回くりかえしていることを示している。メンテナンス中のコンピューターのように，電源は入ったまま，オフラインでメンテナンスしているような状態だと考えられているのだ。深い睡眠中であっても，脳がずっと休んでいるわけではないのである。

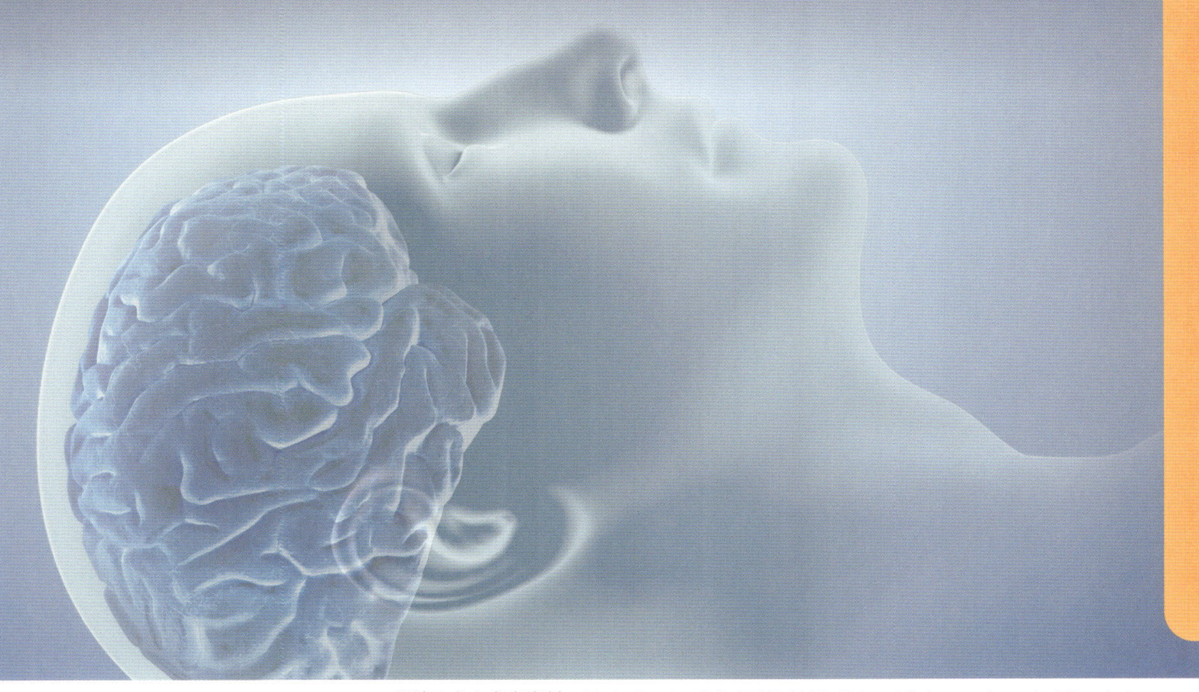

脳波の主な参考資料：Chris Goode, PhD, PSYC 1100: Natural Sciences Aspect of Psychology, Week 9: Consciousness Spring 2008, Emory University.

2 図解　睡眠のメカニズム

レム睡眠中は，不思議な夢をみることが多い？

STEP 2

レム睡眠中の大脳は，睡眠中にもかかわらず，覚醒時に近い状態にある。レム睡眠中の脳波をみると，覚醒時と同じように小きざみに振動しているのだ。さらに，レム睡眠中の脳では，覚醒時よりもむしろ活発に活動している領域が複数あることが，脳活動の可視化技術でみえてきたのである（イラストの赤色で示した領域）※。

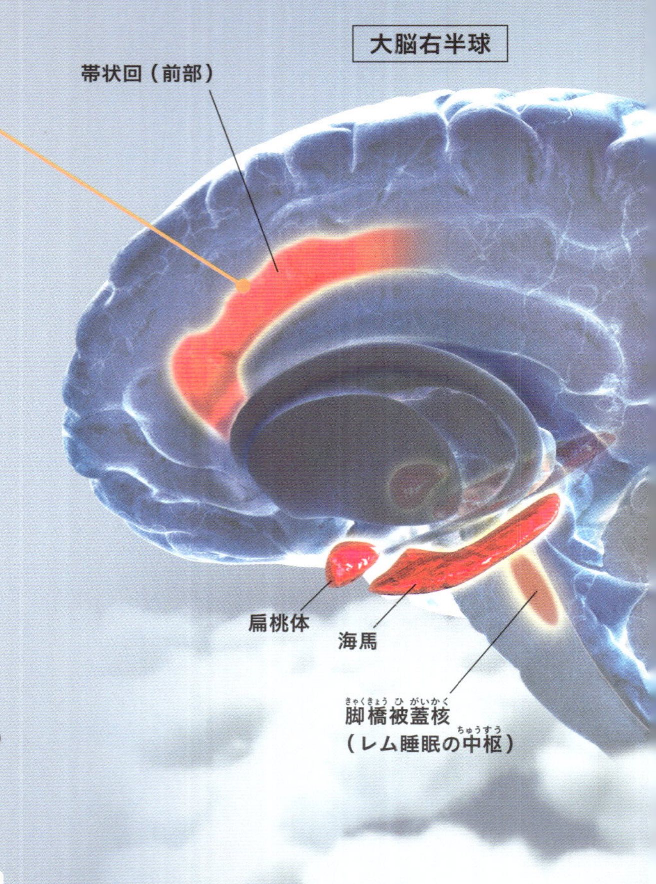

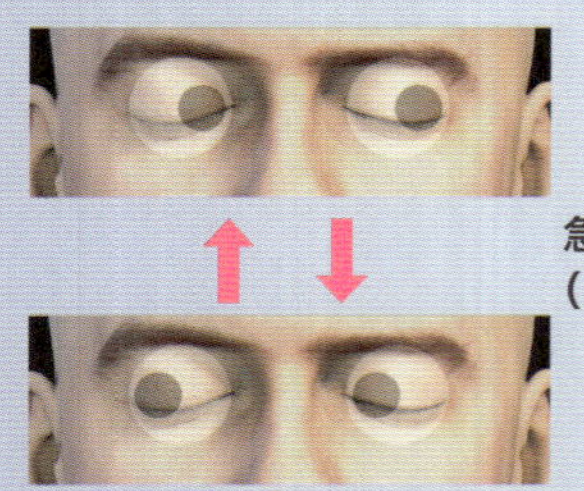

急速眼球運動
（Rapid Eye Movement）

STEP 1

レム睡眠中では，まぶたの下で急速な（Rapid）眼球（Eye）運動（Movement）がおきる。この頭文字をとって，レム睡眠とよんでいる。ノンレム睡眠中は心拍数や血圧が低くなるのに対し，レム睡眠中は高く不規則になる。レム睡眠は「浅い」睡眠との誤解が多いが，覚醒させるのに必要な知覚刺激強度の観点からすると，レム睡眠もかなり深い睡眠であるといえる。

STEP 3

私たちはほとんど毎晩，夢をみているとされている。実感がないのは，目覚めたときに覚えていないか，すぐに忘れてしまうからだ。「空を飛ぶ」などの奇妙な夢，喜怒哀楽や不安といった感情をともなう夢の多くは，レム睡眠中にみることがわかっている。レム睡眠中の脳では，理性的な判断にかかわる「前頭前野」の活動のしかたが変化する一方，視覚イメージを生みだす「視覚連合野」や，感情をつかさどる「扁桃体」が活発に活動している。これらが，レム睡眠中の夢と関係していると考えられている。ただし，ノンレム睡眠中は夢をみないというわけではなく，ぼやっとした抽象的な夢をみることがあるとされる。

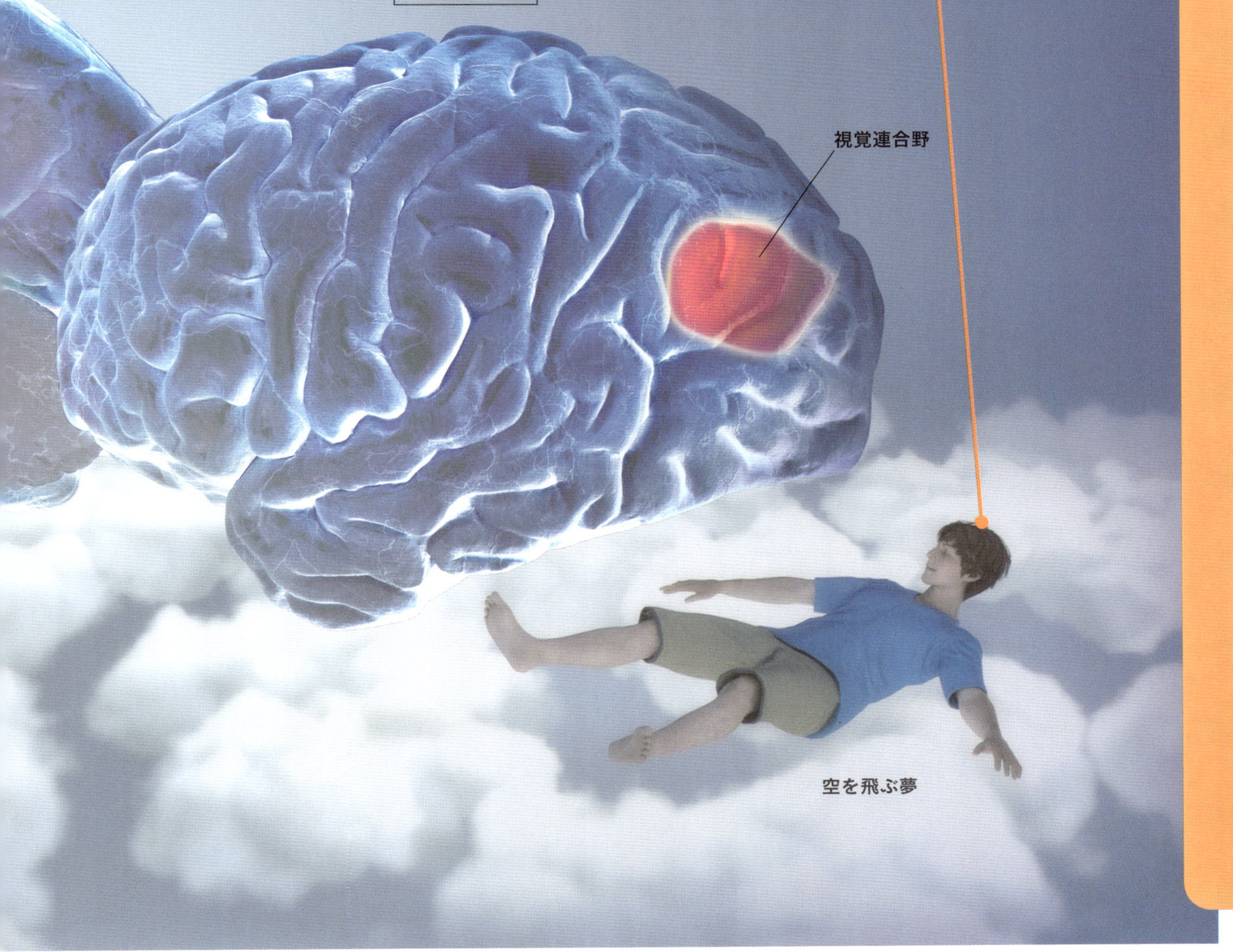

※：レム睡眠中には，覚醒時よりも活動が低下する領域もあるが，このイラストでは省略してある。

2 図解　睡眠のメカニズム

睡眠をつかさどる「睡眠圧」と「体内時計」

STEP 2

プロセスの二つ目が，約24時間周期の「体内時計」だ。体内時計は，睡眠圧の蓄積とは独立して，覚醒シグナルの波をつくっている（赤色の曲線）。この覚醒シグナルは午後9時ごろにピークをむかえ，そのあとに弱まる。すると，眠気のししおどしが傾くことで睡眠がはじまり，睡眠圧が十分に解消されるまで睡眠がつづくのである。

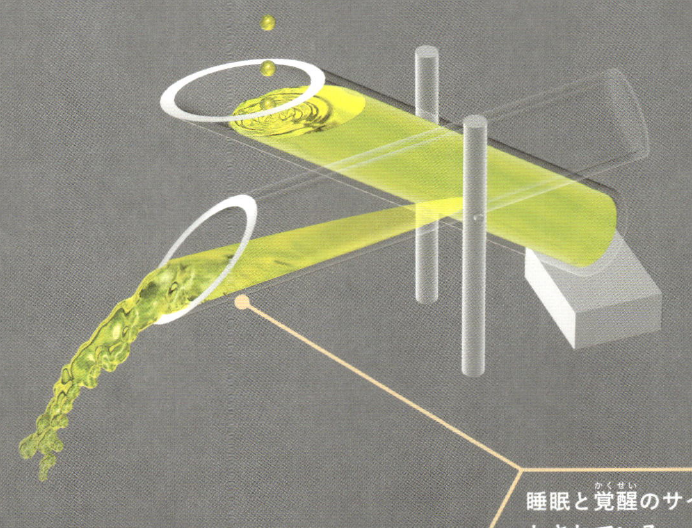

STEP 1

睡眠と覚醒のサイクルは二つのプロセスで進むとされている。一つ目は，睡眠の欲求の強さである「睡眠圧」である。睡眠圧は，覚醒している間に徐々にたまっていき（黄色の曲線），十分に蓄積されると睡眠がはじまる。そして，眠ることによって睡眠圧が解消されるのだ。睡眠圧の蓄積と解消は，十分に水がたまると傾いてこぼれる「ししおどし」にたとえることができる。

睡眠と覚醒のサイクル

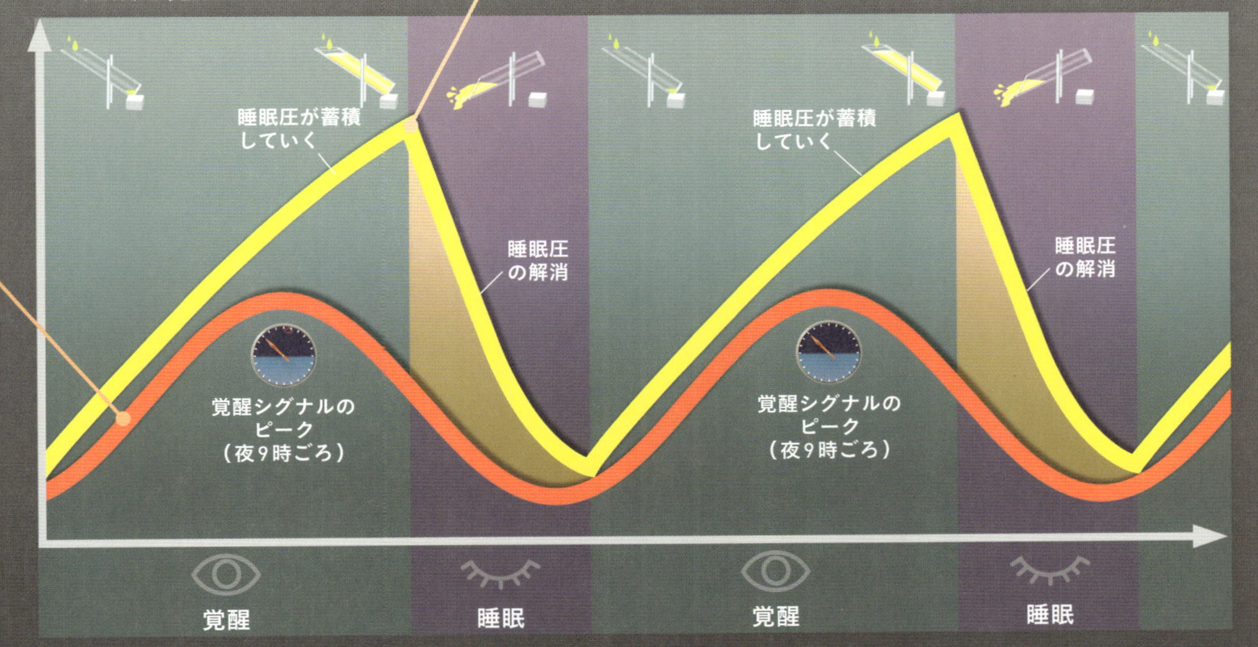

2 図解　睡眠のメカニズム

体内時計はなぜ正確に時をきざめるの？

シヨウジョウバエ

オジギソウ

STEP 1

体内時計によって設定される，約24時間周期の生命活動のリズムのことを「概日リズム」という。多くの動物や植物などにこの概日リズムがあることは，古くから知られていた。たとえば，「オジギソウ」という植物は，昼の間は葉を広げ，夜になると葉を閉じる。これを真っ暗な場所に置く実験を通して，18世紀にはオジギソウに概日リズムをつくりだすしくみ（体内時計）があることが明らかにされている。

朝

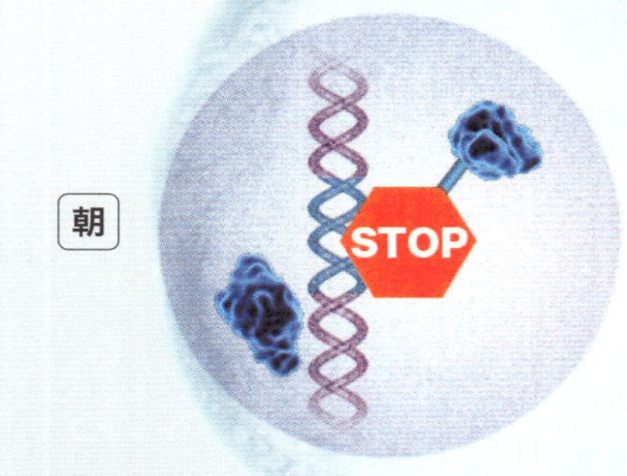

STEP 3

1日を通して，細胞内では次のような流れがおきる。まず，*Period* 遺伝子からPERタンパク質が合成される（昼→夜）。やがて細胞内にたまったPERは，核の中の *Period* 遺伝子に作用して，自身の合成を阻害する（夜）。すると，PERは自然に分解されて減少していく（夜→昼）。そうして，細胞内のPERが減ると，PERの合成が再び活発になる（昼）。このようにしてPERの量が1日周期のリズムをきざむ。これが体内時計の基本メカニズムであり，あらゆる細胞一つひとつにそなわっているのである。

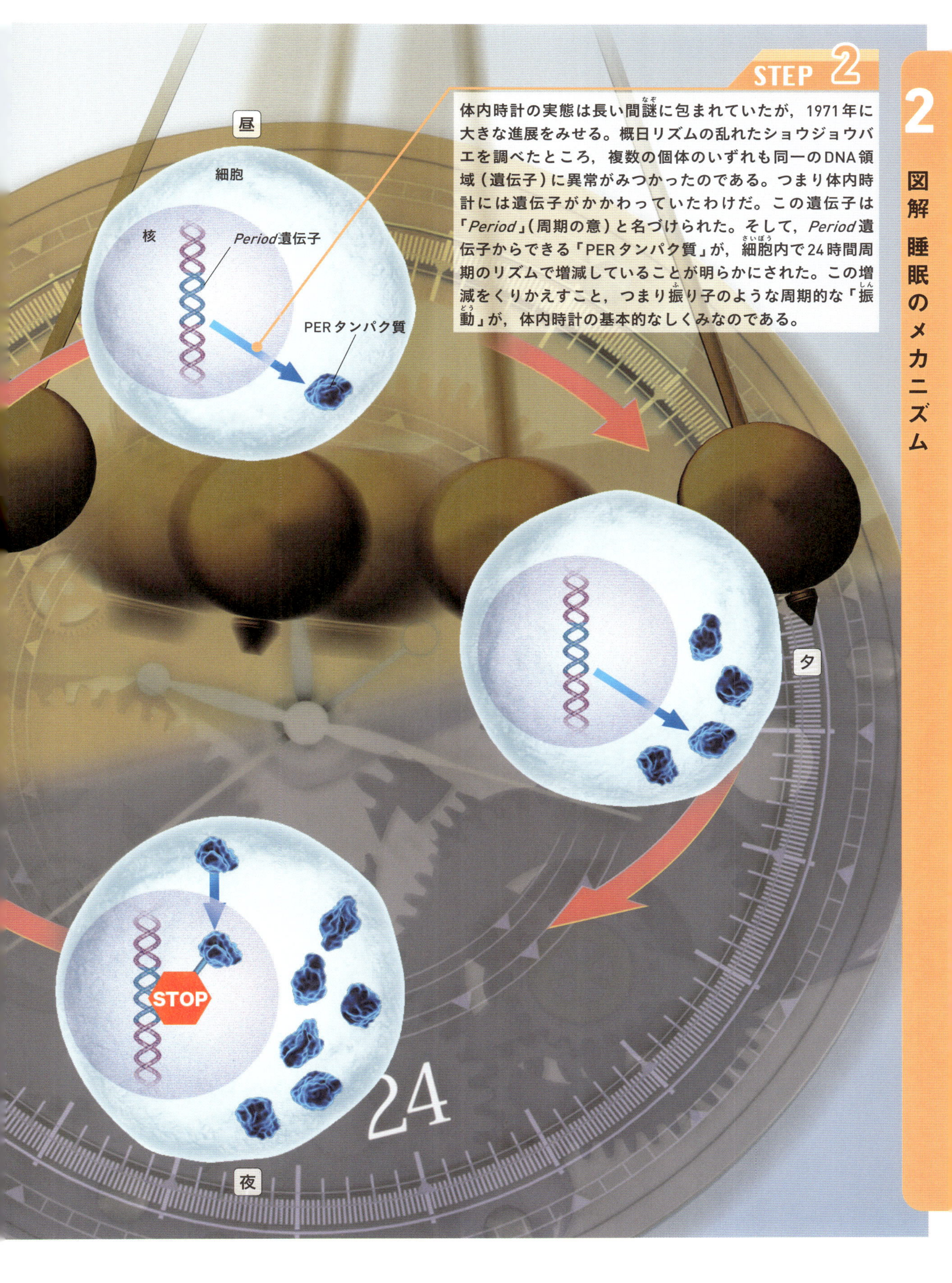

STEP 2

体内時計の実態は長い間謎に包まれていたが，1971年に大きな進展をみせる。概日リズムの乱れたショウジョウバエを調べたところ，複数の個体のいずれも同一のDNA領域（遺伝子）に異常がみつかったのである。つまり体内時計には遺伝子がかかわっていたわけだ。この遺伝子は「*Period*」（周期の意）と名づけられた。そして，*Period*遺伝子からできる「PERタンパク質」が，細胞内で24時間周期のリズムで増減していることが明らかにされた。この増減をくりかえすこと，つまり振り子のような周期的な「振動」が，体内時計の基本的なしくみなのである。

体の中は24時間周期で変化している

STEP 1

私たちの体は通常，日がのぼると目覚めて活動をはじめ，夜になると眠くなる。その過程で，深部体温や血圧がゆっくりと増減していく。体温は起床時の36℃台後半から徐々に上がり，約12時間後に37.5℃弱に達する。その後，急速に低下し，起床前には約36.5℃まで下がっている。

STEP 2

体内時計の進みに応じて，睡眠または覚醒をうながすホルモンも分泌される。「メラトニン」は，脳の松果体で「セロトニン」という神経伝達物質から生成，分泌される。その分泌量は，体内時計の影響を受けているため，昼間に少なく，夜間に増大する。その結果，眠気がもよおされるのだ。また，メラトニンは深部体温の低下にも関係していると考えられている。なお，メラトニンとは逆に，日光をあびるなどすることで分泌されるのが，メラトニンのもととなるセロトニンである。セロトニンは，私たちの精神を安定させるという大きな役割もになっている。

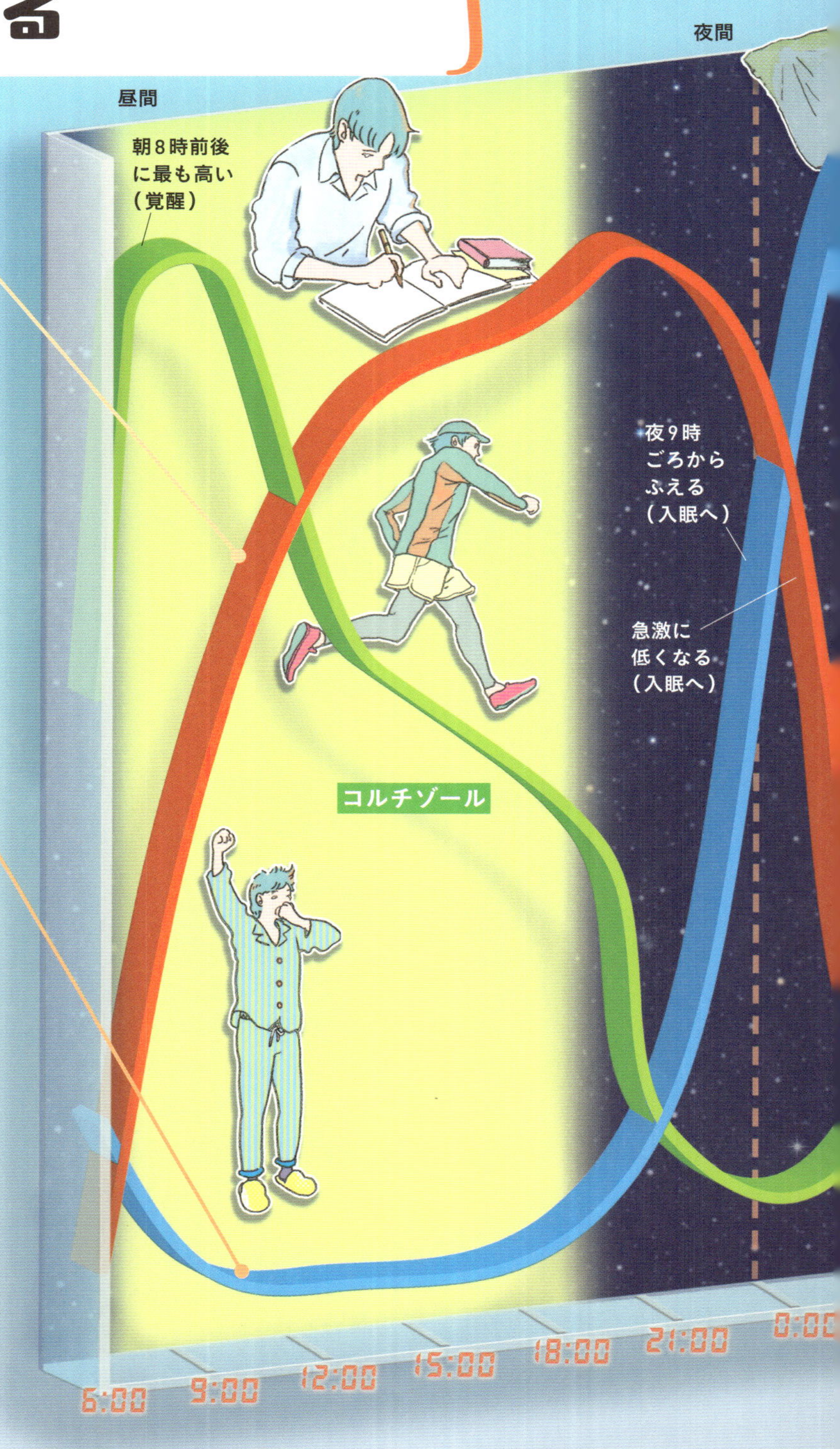

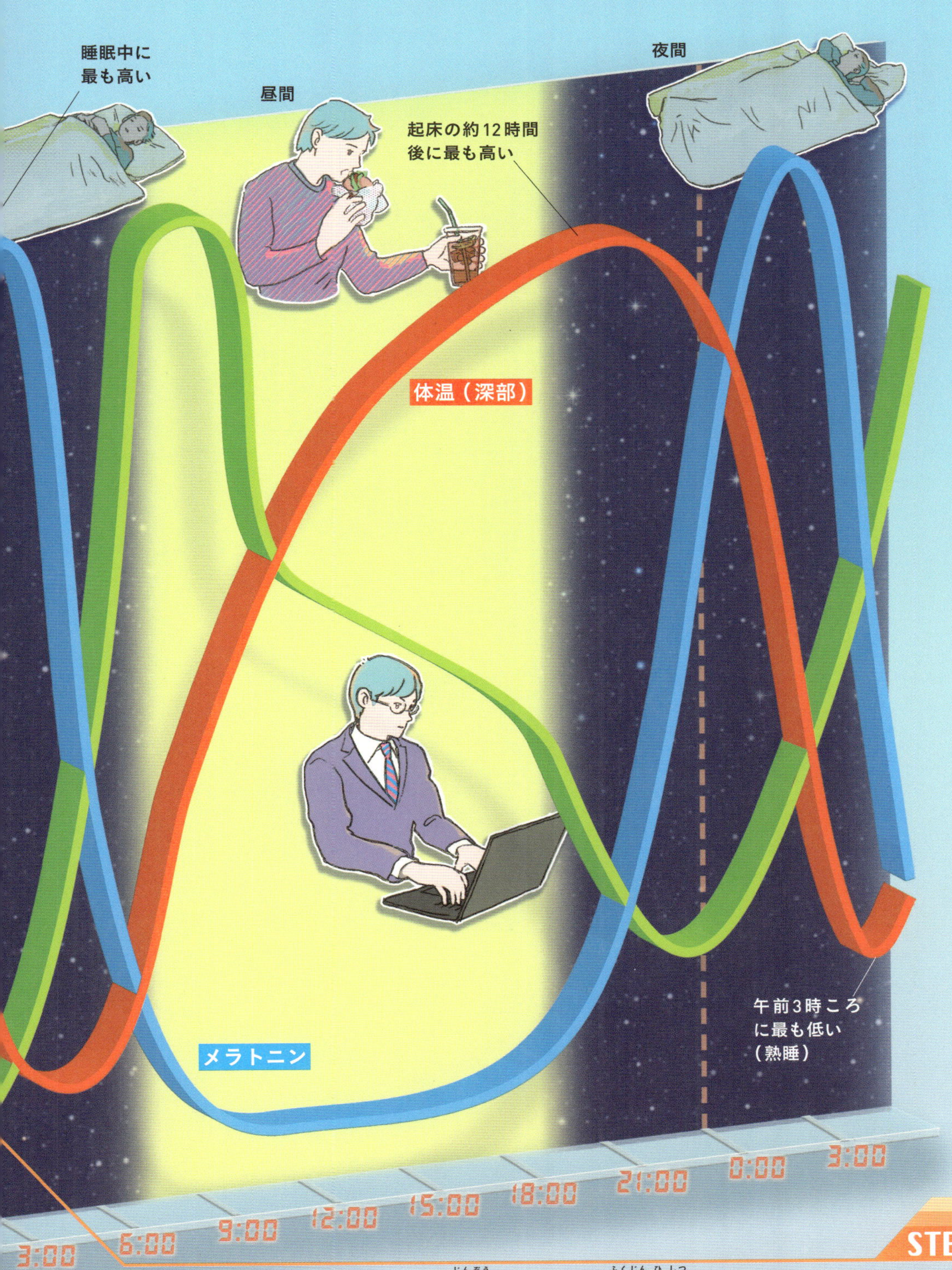

STEP 3

覚醒をうながす「コルチゾール」は，腎臓（じんぞう）の近くにある副腎皮質（ふくじんひしつ）から分泌される。コルチゾールには，活発な行動をするときに活動する「交感神経」を刺激（しげき）するはたらきがある。交感神経の活動はとくに昼間に活発になるが，副腎皮質から分泌されるコルチゾールの量は，午前8時ころに最大になり夜間には最低になる。起床の少し前から分泌量が急激にふえるのは，休んでいた体を活動状態にもどすためと考えられる。

2 図解　睡眠のメカニズム

眠気をもたらす正体「スニップス」

STEP 1

私たちの体が睡眠と覚醒をくりかえしている間に，脳内では何がおきているのか。かぎをにぎるのは，脳内にある「スニップス」と名づけられた80種類のタンパク質だ。スニップスのうち，実に69種類がシナプスに集中していたのである。シナプスとは，神経細胞が別の神経細胞に信号を伝える場所である。

STEP 3

このスニップスのリン酸化は，睡眠によって解消される。つまり，スニップスのふるまいは，まさに眠気の実態にふさわしいといえるのだ。スニップスのリン酸化の解消に要する時間が，その人に必要な睡眠時間そのものではないかと考えられている。睡眠不足が積み重なった睡眠負債（52ページ）の状態の脳では，リン酸化されたスニップスが解消しきれずに蓄積し，そのせいでシナプスのはたらきが脳全体で非効率になっているのかもしれないのである。

マウスを使った実験によると，スニップスは覚醒しつづける間，どんどん「リン酸化」とよばれる化学変化が進むことがわかった。このイラストにおける黄色の球は，そのリン酸化の度合いを模式的に示したものだ。リン酸化されたスニップスの量は，眠気のししおどしにたまる水にあたると考えられる。眠気が解消された状態のシナプスでは，スニップスはあまりリン酸化されていないが，眠気がたまった状態のシナプスでは，スニップスのリン酸化が進んでいることをあらわしている。

眠気がたまった状態のシナプス

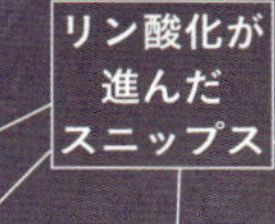

リン酸化が
進んだ
スニップス

睡眠

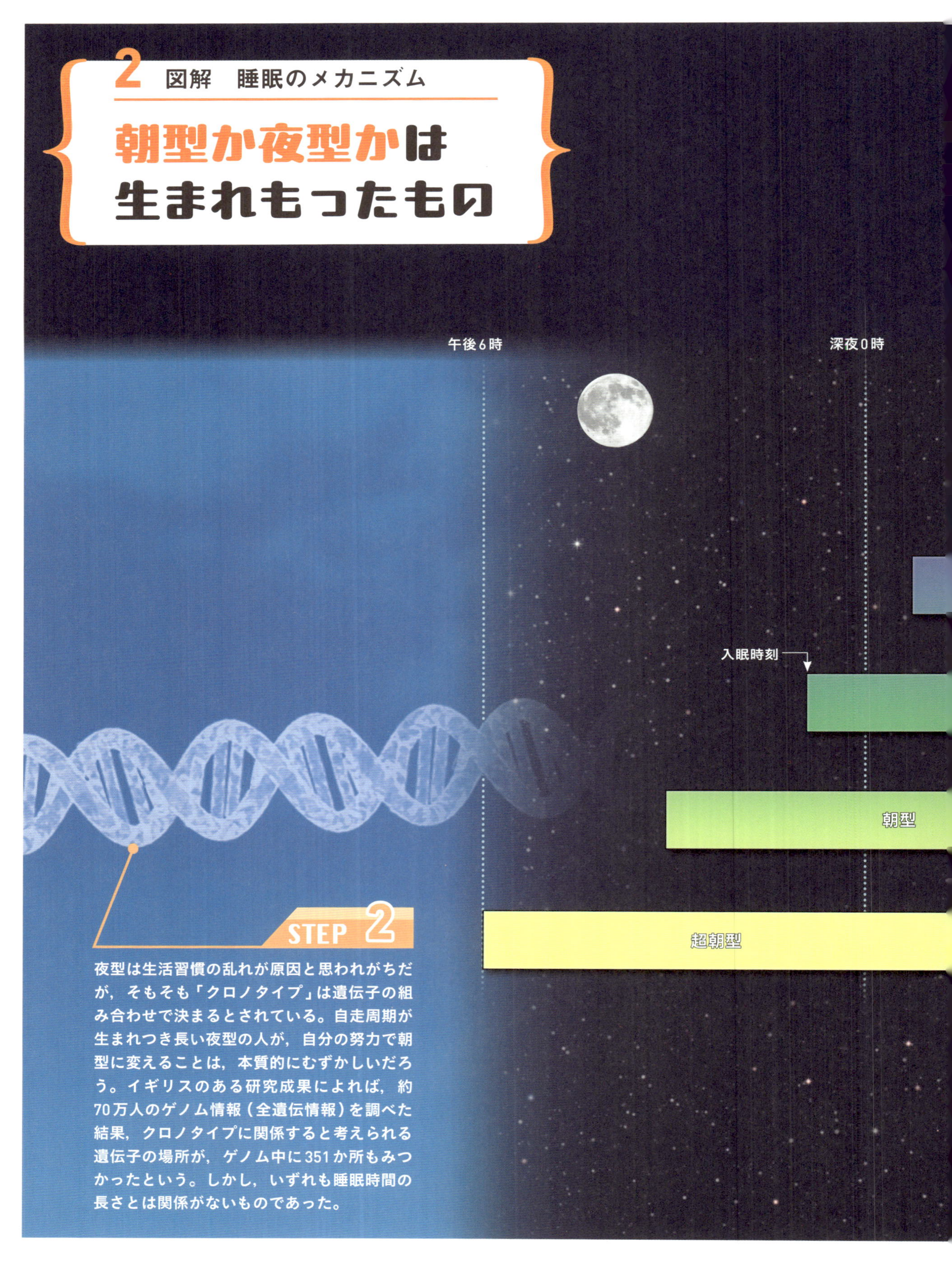

夜型は生活習慣の乱れが原因と思われがちだが，そもそも「クロノタイプ」は遺伝子の組み合わせで決まるとされている。自走周期が生まれつき長い夜型の人が，自分の努力で朝型に変えることは，本質的にむずかしいだろう。イギリスのある研究成果によれば，約70万人のゲノム情報（全遺伝情報）を調べた結果，クロノタイプに関係すると考えられる遺伝子の場所が，ゲノム中に351か所もみつかったという。しかし，いずれも睡眠時間の長さとは関係がないものであった。

STEP 1

体内時計がきざむ約24時間の周期（自走周期）はあくまでも平均値であり，実際には個人差がある。周期が24時間より少し短い人は，眠気をもよおす時刻が早まり，早寝早おきの「朝型」になる。逆に，体内時計の周期が24時間より少し長い人は，遅寝遅おきの「夜型」になるのだ。多くの人はその間に位置する「中間型」である。なお，体内時計の周期は，個人の中でもゆらぎがみられる。朝型や夜型といった睡眠のタイプは「クロノタイプ」とよばれる。

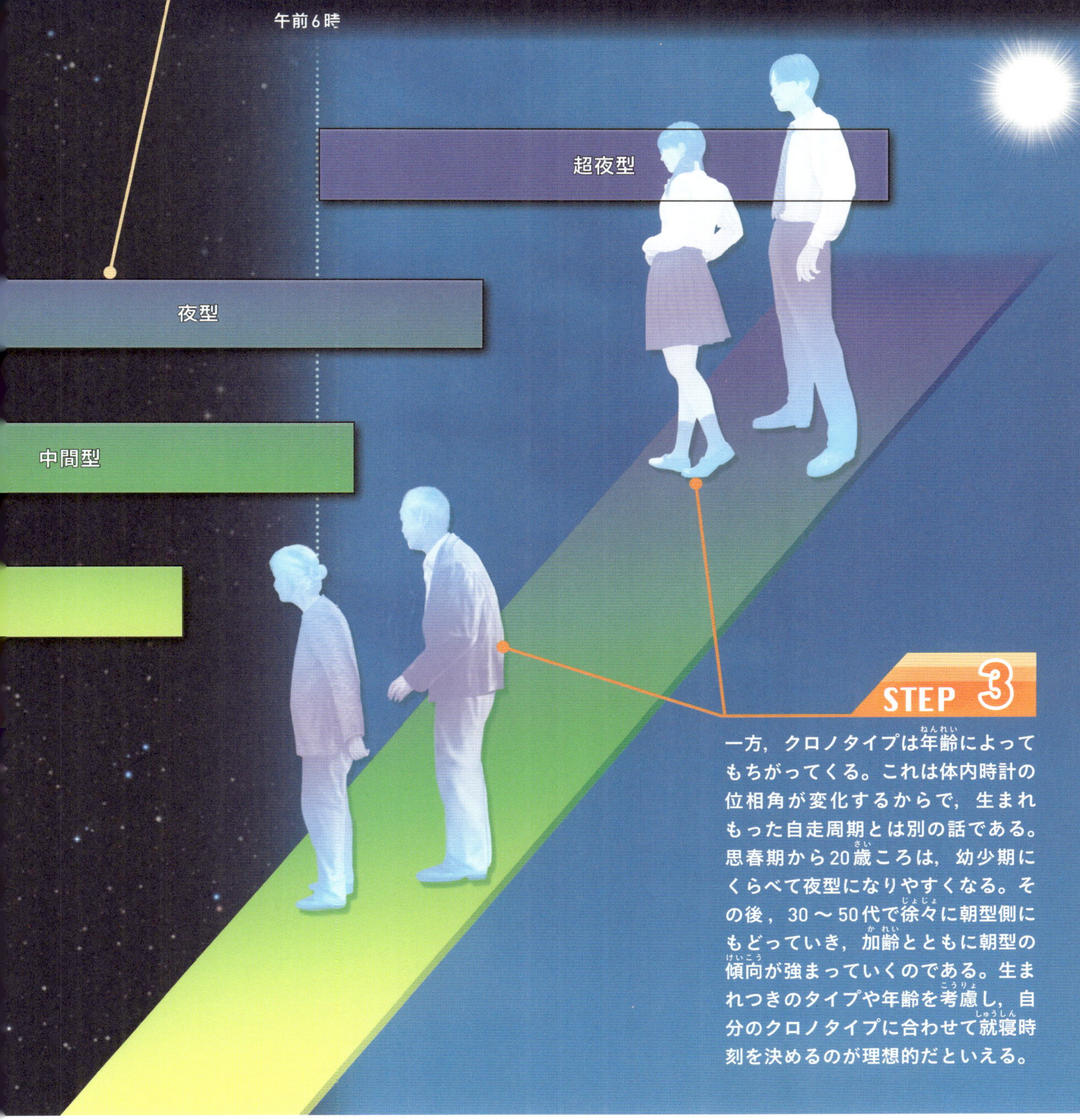

STEP 3

一方，クロノタイプは年齢によってもちがってくる。これは体内時計の位相角が変化するからで，生まれもった自走周期とは別の話である。思春期から20歳ころは，幼少期にくらべて夜型になりやすくなる。その後，30～50代で徐々に朝型側にもどっていき，加齢とともに朝型の傾向が強まっていくのである。生まれつきのタイプや年齢を考慮し，自分のクロノタイプに合わせて就寝時刻を決めるのが理想的だといえる。

年齢や性別による睡眠のちがい

STEP 1

若いころは朝なかなかおきられなかったのに，年をとると早寝早おきになり，睡眠時間が短くなる人も多くなる。よくある誤解が「眠るのには体力が必要で，高齢になると眠れるだけの体力がなくなるからだ」というものだ。年をとると基礎代謝量が減り，若いころのように活発に動くことも少なくなるため，短い睡眠でも事足りるのである。また，脳が要求する睡眠量も年齢とともに減っていく。さらに，44ページでみたように，加齢にともなって体内時計も変化し，早寝早おきの傾向が強くなるのである。

年齢別の睡眠時間

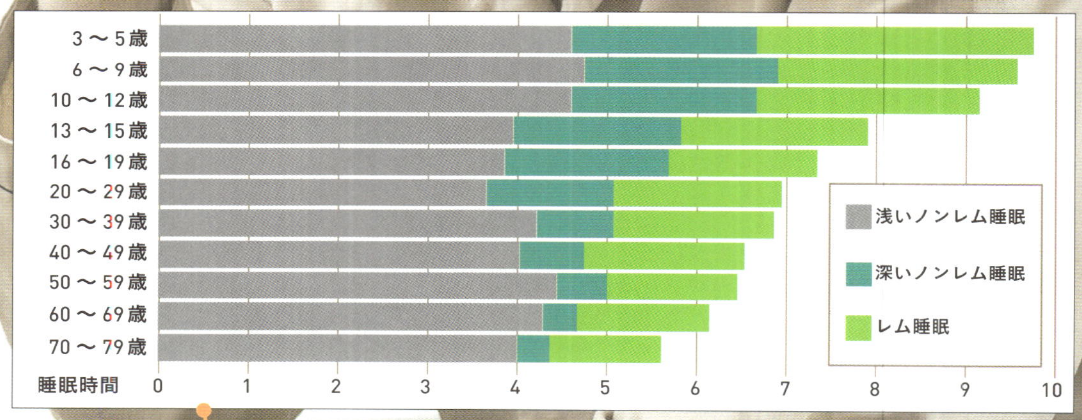

STEP 2

このグラフは，年齢別の睡眠時間の変化を示したものだ。年齢にともなって睡眠時間が大きく減少していくようすがわかる。また，浅いノンレム睡眠の時間はほぼ変化しないが，深いノンレム睡眠の時間が大きく減少していくこともわかる。30～40代のころから，睡眠の安定性や持続性は悪くなり，全体的に睡眠が浅くなっていくのだ。また，年をとると，メラトニンの夜間の分泌量が少なくなり，昼夜のメリハリがつきにくくなることもわかっている。そのため，高齢者は夜に深く眠れる時間が短くなって途中でおきたり，昼間に眠気が出やすくなったりするのである。

出典：『高齢者の睡眠』，榎本みのり，e- ヘルスネット（https://www.e-healthnet.mhlw.go.jp/information/）

STEP 4

更年期（女性では閉経前後約5年）になると不眠に悩む女性がふえてくる。これは，のぼせやほてりなどの不快な身体症状や，子どもの独立や親の介護などで抱えるストレスが原因で，深く眠れなくなるからだと考えられる。また，閉経後は女性ホルモンの分泌量が大幅に減少する。その影響で，睡眠時無呼吸症候群（60ページ）を発症しやすくなることも，眠りの質が悪化する原因の一つである。

月経周期と女性ホルモン量

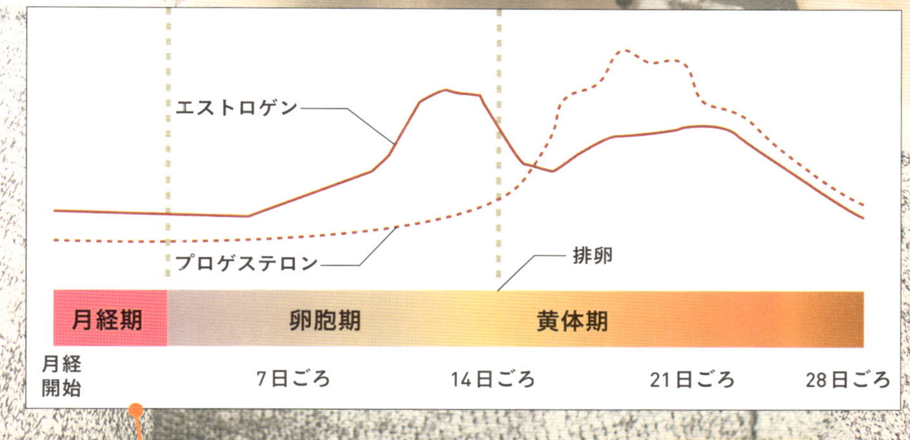

STEP 3

女性では，女性ホルモンが睡眠に大きく影響をおよぼす。女性ホルモンの一つである「プロゲステロン」には，眠気を誘発する作用がある。プロゲステロンは排卵から月経直前まで分泌量がふえ，月経がはじまると減るため，月経前の時期は眠気を感じやすくなる。プロゲステロンは深部体温を高めるはたらきをもっているため，その時期は深部体温のメリハリがなくなり，睡眠が浅くなるなどのトラブルがおきるとされる。また，妊娠するとプロゲステロンと「エストロゲン」が大量に分泌される。妊娠初期に眠気が強くなるのは，この作用によるものだ。

出典：『女性の睡眠障害』，渋井佳代，e-ヘルスネット（https://www.e-healthnet.mhlw.go.jp/information/）

2 図解 睡眠のメカニズム

徹夜は長期的な睡眠不足をまねく！

徹夜明けの睡眠と覚醒のサイクル

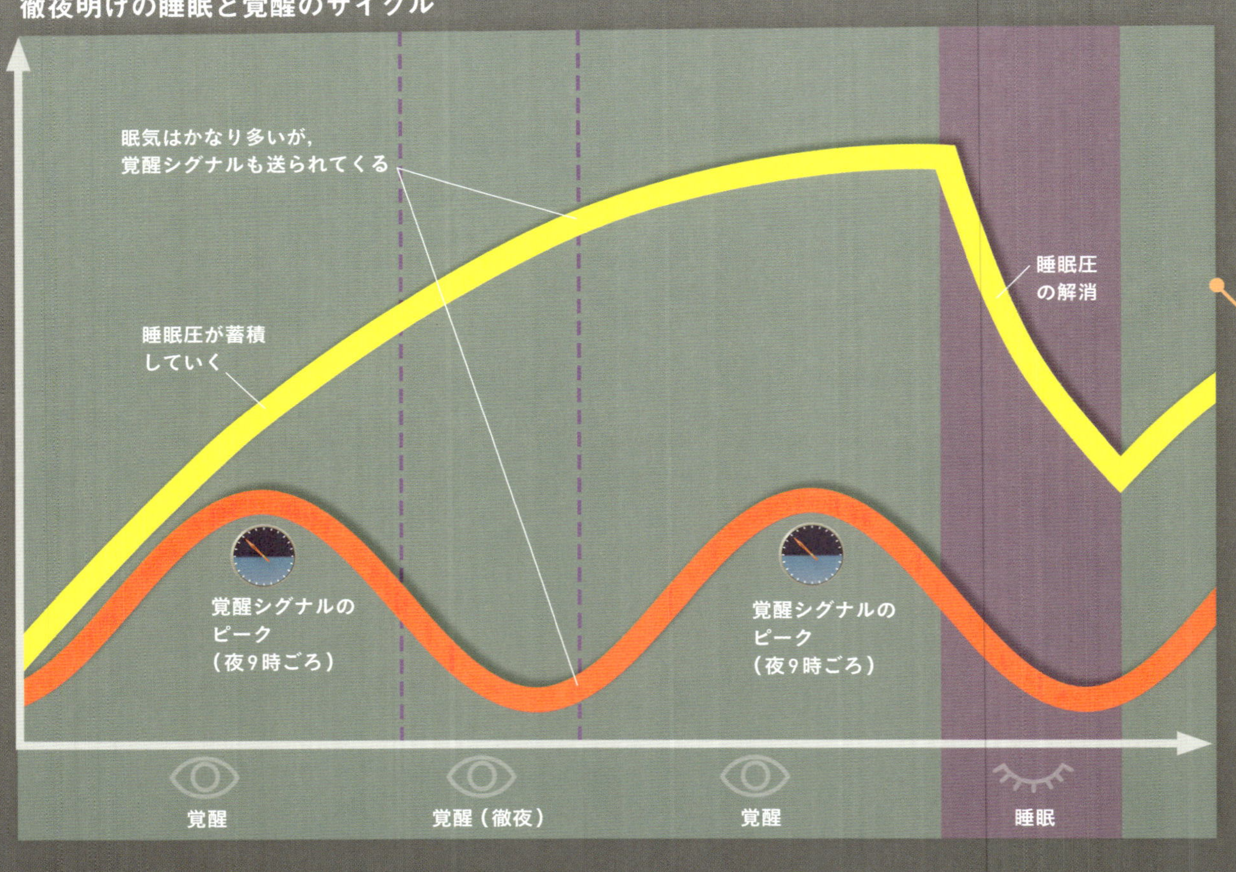

STEP 1

ついつい夜遅くまで勉強や仕事をしてしまったり，あるいは徹夜をしてしまったりといった経験がある人は多いだろう。しかし，徹夜をすると脳のパフォーマンスがいちじるしく損なわれてしまうのが実情だ。さまざまな研究から，睡眠時間をけずった時間に比例してミスも増加し，判断力が損なわれることが示されている。徹夜明けの脳の機能は，お酒に酔っているのと同程度まで低下していることを示す報告もある。

STEP 2

このグラフは，徹夜をした際の睡眠圧と覚醒シグナルの変化をあらわしたものだ。37ページに示した通常時のグラフとくらべると，ちがいがあることがわかる。徹夜をしている間，眠気は解消されることなく蓄積されていく。しかし，体内時計がきざむ覚醒シグナルの波は，睡眠の有無に関係なく増減する。一睡もしていないのに，朝になると妙に頭がさえてくるのは，この体内時計のはたらきによって覚醒シグナルが強まるからだ。しかし，蓄積した眠気はあくまでも眠ることでしか解消されない。1回の徹夜が，翌日以降の睡眠習慣を大きく乱し，長期的な睡眠不足のきっかけになる可能性があるのだ。

2 図解　睡眠のメカニズム Q&A

Q/ なぜ睡眠中に夢をみるのか？

A/ 私たちが毎晩のようにみる夢は，具体的に何の役に立っているのだろうか。これまでにたくさんの説が提唱されているが，現在までのところ，研究者の間で一致した結論は得られていない。睡眠が生存にとって必須であることはまちがいないが，夢をみないとどんな支障があるのかなどは明らかではない。

代表的な考え方の一つは，夢が記憶の整理と定着に役立っているというものだ（88ページ）。少なくとも，睡眠が記憶の固定に重要であることは，数多くの研究によって定説となっている。ただし，そこに夢がどうかかわっているのかはよくわかっていない。近年の研究では，記憶の固定にノンレム睡眠が大切だという見方も多いが，具体的で鮮明な夢をみるとされるのはレム睡眠であり，レム睡眠と記憶の固定の関係については議論がある。

ほかにも，ふだんあまり使われていない神経回路の維持に役立っているという説，感情の安定に役立っているという説，現実で想定される脅威を夢の中でシミュレーションしているという説など，さまざまな意見がある。もちろん正解が一つとは限らないし，とくに何の役にも立っていないと考える研究者もいる。なお，夢の内容をあまり覚えていなかったり，すぐに忘れてしまったりするのは，一時的な情報を長期的な記憶として固定する脳の機能が，夢の内容に対しては，はたらかないからだと考えられている。

Q/ あなたがみる夢は白黒？　色つき？

A/ 夢から覚めたとき，あなたがみていた夢には色がついていただろうか？　それとも白黒だっただろうか？　この場合，多くの人が色つきの夢をみたと答えるようだ。ところが，以前は白黒の夢をみる人のほうが多かったという調査結果がある。これは日本に限った話ではなく，世界の各国で似たような結果が報告されている。

APA（アメリカ心理学会）は1993年と2009年に，10代から80代までの男女に対して，夢の色に関する調査を行っている。その結果によると，どちらも30代未満の約8割が色つきと答え，その割合は年齢とともに減少し，60代で色つきと答えたのは約2割だったという※1。

その原因として，テレビの影響が指摘されている。カラーテレビが普及したあとの世代は色つきの夢をみると答え，それ以前の世代は白黒の夢をみると答える傾向にあるというものだ。しかし，実は全員色つきの夢をみているのに，色の情報を覚えていないだけだという説もある。客観性にとぼしいため，科学的に研究を深めるのはなかなかむずかしいようだ。

Q/ 寝る子は育つ，は科学的に正しい？

A/ 「寝る子は育つ」ということわざは科学的にも正しいことがわかっている。子どもの睡眠は，年齢によって量も質も大きく変化する。とくに乳幼児期には脳の成長がいちじるしく，神経細胞どうしをつなげて神経回路の数をふやしたあとに，不要な神経回路を削除するという現象がみられる。このようにして，生きていくために必要な神経回路が，ちょうどよい数だけつくられていくのだ。また，「記憶などをつかさどる海馬の容積は，睡眠時間が長いほど大きい」とする研究報告もある[※2]。脳の成長に重要なのはレム睡眠であるため，生まれた直後の睡眠は大半がレム睡眠となっている。

生後半年をすぎるころにはノンレム睡眠もみられるようになる。とくに深いノンレム睡眠のステージ3は子どもの成長に大きな役割を果たす。ノンレム睡眠のステージでは，脳の視床下部から下垂体に信号が出され，成長ホルモンが分泌される。初回のノンレム睡眠ではとくに分泌量が多くなる。成長ホルモンはその名のとおり，骨や筋肉をふやして，体を大きく成長させていく。そのほか，エネルギー代謝，細胞の修復や再生，免疫機能の維持などにも成長ホルモンが関与する。子どもが健やかに成長するためには，深い睡眠が欠かせないのだ。

成長ホルモンは，成人にとっても重要である。筋肉量を保ったり，疲労回復や新陳代謝を促進したりもするのだ。子どもも大人も，しっかり寝ることがいちばんだといえる。

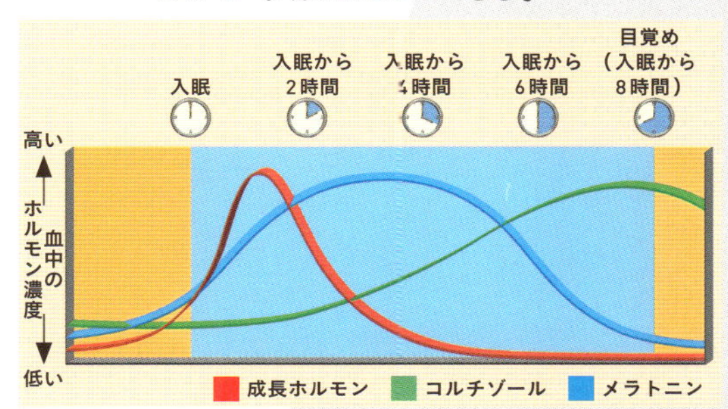

ヒト以外にも，レム睡眠とノンレム睡眠はある？

A/ 犬や猫など，動物のかわいい寝顔にいやされた経験は多いだろう。ヒト以外の動物たちも，同じようにレム睡眠とノンレム睡眠をもっているのだろうか。

脳波を調べた研究から，哺乳類と鳥類にはヒトと同じようにレム睡眠とノンレム睡眠があることがわかっている[※3]。最近では，爬虫類の脳波を調べる研究もさかんに行われており，一部のワニやトカゲ，カメにはレム睡眠とノンレム睡眠に似た状態があることが示されている。熱帯魚のゼブラフィッシュも，睡眠中の脳内の神経細胞の活動を調べると，2種類のパターンに分けられることがわかっており，これがレム睡眠とノンレム睡眠の起源ではないかと考える研究者もいるようだ。

では，無脊椎動物はどうだろうか。この場合，まず行動パターンを分析し，複数の「睡眠のような行動をとっているかどうか」をもとに，眠っているかどうかを判断している。ある研究では，ソデフリタコを観察したところ，実際に睡眠状態をとることが確認できたという[※4]。しかも，哺乳類と似たような二段階睡眠（静的睡眠と動的睡眠）までみられた。また，このタコの脳に電極を刺して脳波を測定・解析したところ，動的睡眠時に覚醒時と似たような脳波がみられたという。さらに，静的睡眠時のタコは全身が白くなるが，動的睡眠時には覚醒時と同じような皮膚模様もみられた。つまり動的睡眠は，哺乳類のレム睡眠に近い状態だと考えられるのだ。ヒトはよくレム睡眠中に夢をみるが，こうした生き物たちも夢をみているのかもしれない。

※1：Okada H, et al. Life span differences in color dreaming. Dreaming. 2011; 21: 213–220.
※2：Taki Y, et al. Sleep duration during weekdays affects hippocampal gray matter volume in healthy children. Neuroimage. 2012; 60: 471-475.
※3：Yamazaki R, et al. Evolutionary Origin of Distinct NREM and REM Sleep. Front Psychol. 2020; 11: 567618.
※4：Pophale A, et al. Wake-like skin patterning and neural activity during octopus sleep. Nature. 2023; 619: 129–134.

3 睡眠負債は健康をおびやかす

睡眠不足は借金のようにたまっていく

STEP 1

「睡眠負債」ということばを聞いたことはあるだろうか。睡眠負債はただの睡眠不足ではない。たとえば本来，毎日8時間の睡眠を必要とする人が，ある日，何らかの理由で6時間しか眠らなかったとしよう。この2時間の睡眠不足は，それだけでは睡眠負債とはいわない。一晩だけの睡眠不足や徹夜くらいでは，睡眠負債にはあたらないのだ。

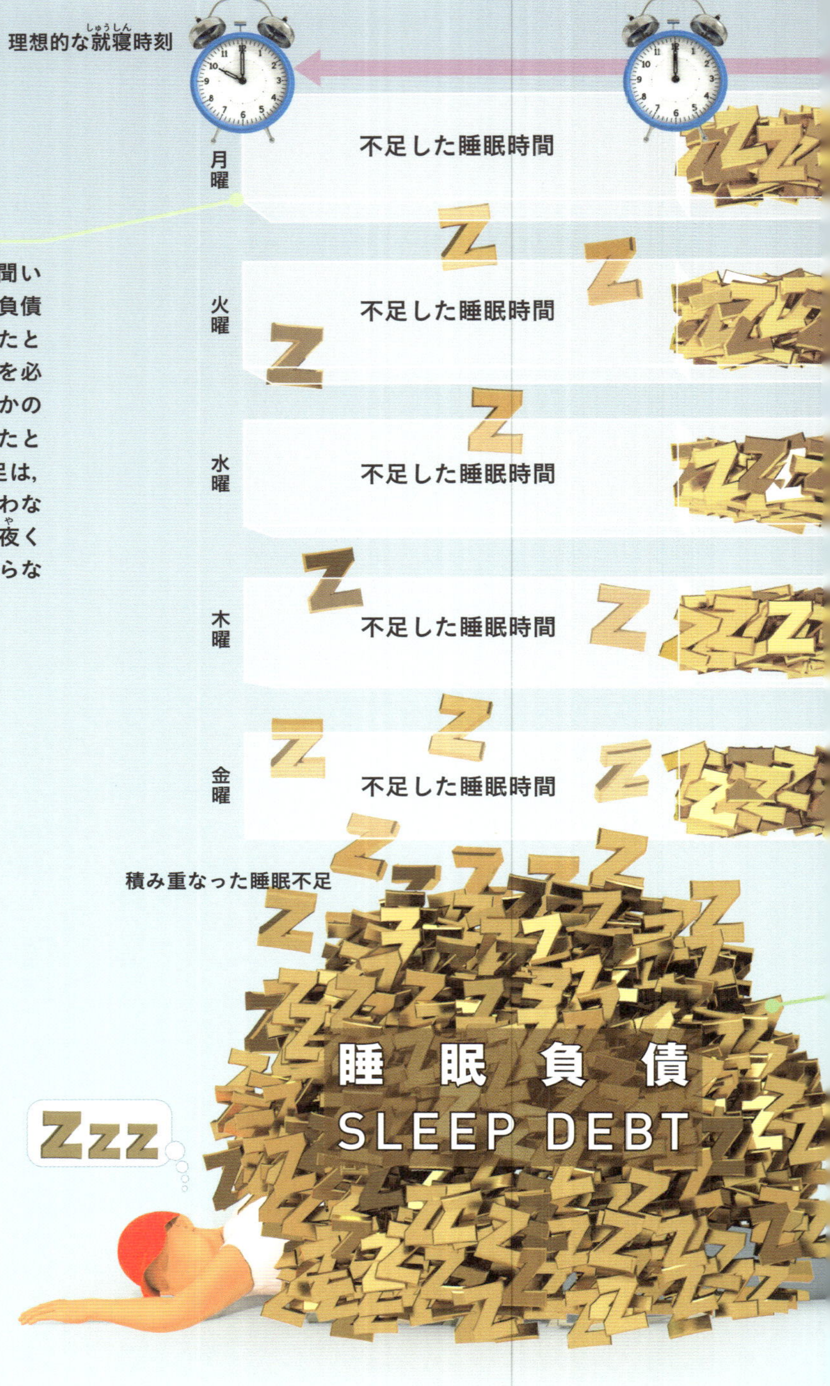

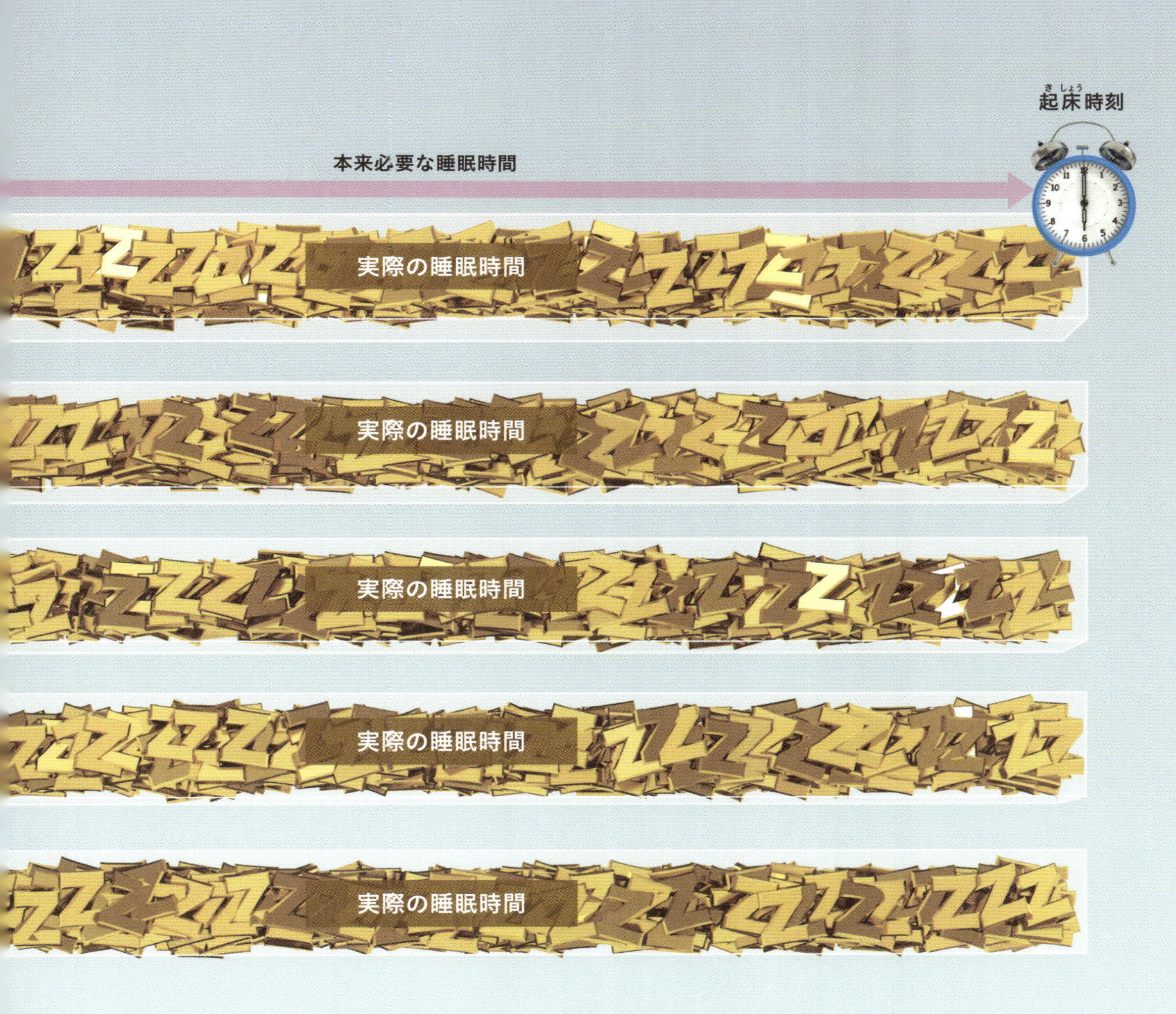

3 睡眠負債は健康をおびやかす

STEP 2

睡眠不足が何日もつづき，数日から数週間の単位で慢性化すると，睡眠負債とよばれるようになる。まるで過重な借金のように，解消しきれないほどの睡眠不足が積み重なった状態だといえる。睡眠負債は，日中のパフォーマンスを下げるだけでなく，さまざまな健康リスクにつながる。4ページでみたように，日本人の睡眠時間は世界平均よりも1時間以上少ない。しかも年々短くなる傾向にある。つまり多くの日本人が睡眠負債を抱えた状態にあるといえるのだ。

3 睡眠負債は健康をおびやかす

週末に寝だめをしても“負債”は返済できない！

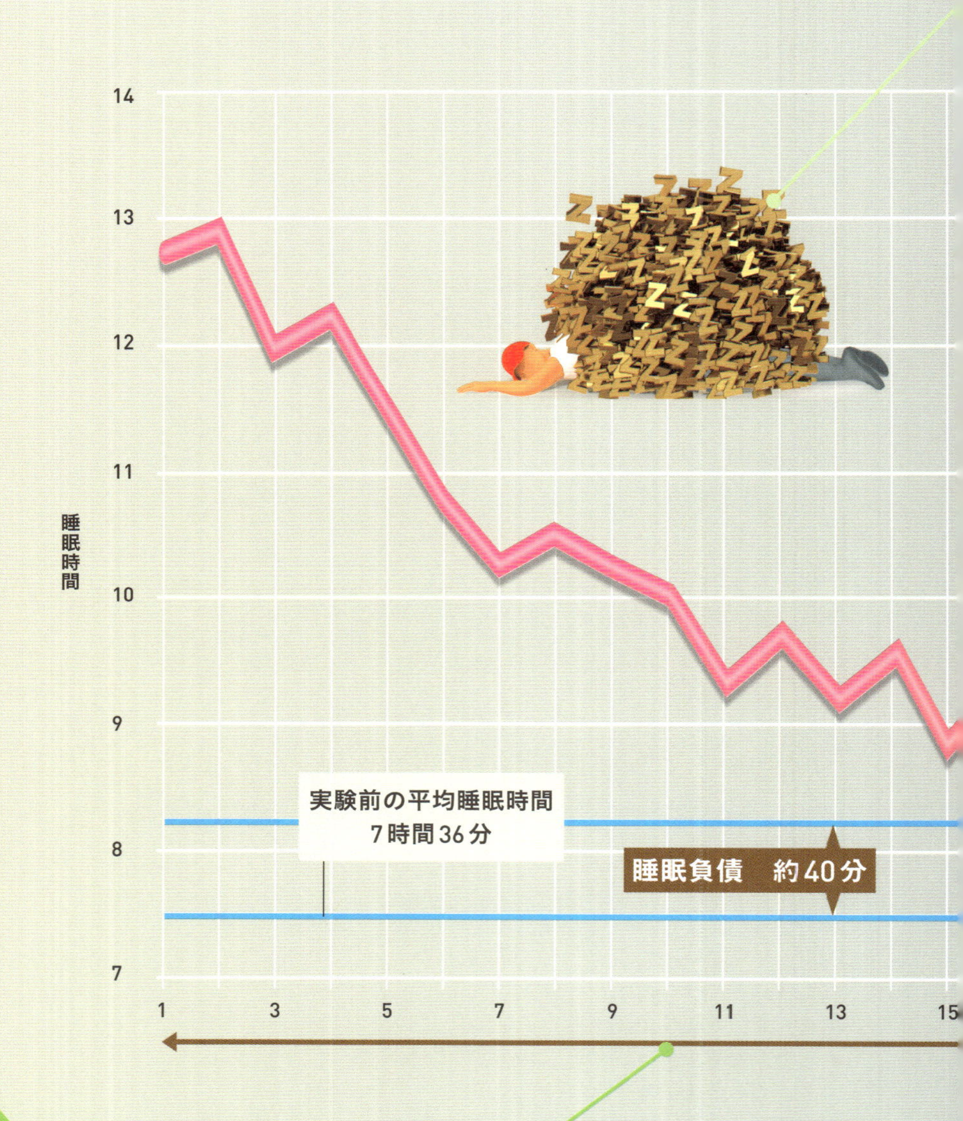

STEP 3

彼らは実験当初，約40分間の睡眠負債を抱えており，それを返済するのにおよそ3週間もかかったとみなせることになる。このように，一度睡眠負債におちいると，それを解消するのはなかなか容易ではないのだ。睡眠負債を完全に返せないにしても，1週間ずっと寝不足でいるよりは寝だめをするほうがまだよいだろう。ただし，寝だめのしすぎは体内時計がずれる原因になりかねないので，注意が必要である。

STEP 1

睡眠負債がたまっていると，休日には長く寝てしまいがちである。いわゆる「寝だめ」をすることで睡眠負債を返済できると思うかもしれないが，2〜3日たっぷり眠ったぐらいでは睡眠負債は解消できないといわれている。また，あらかじめ寝だめをしても，その後の睡眠負債をふせぐ効果はない。睡眠の貯金はできないのである。

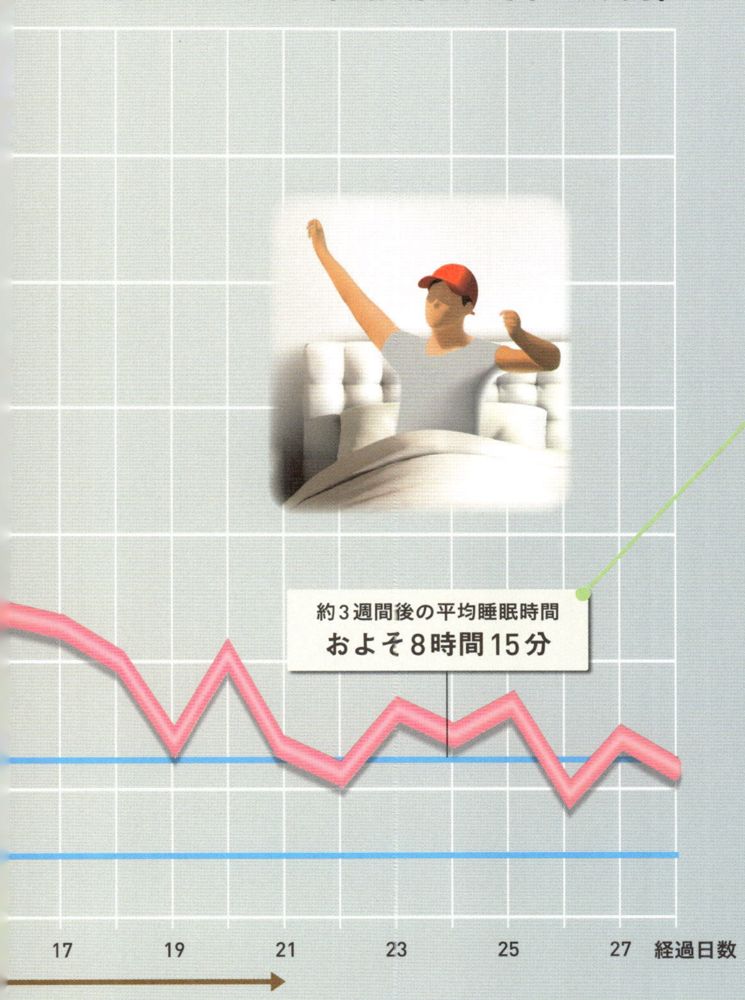

STEP 2

次のような実験がある。被験者8名に対して，10時間は明るいところでふだんの生活をし，14時間は暗い部屋でベッドに横になって，眠れるだけ眠ってもらう。彼らのもともとの睡眠時間は，平均7時間36分であった。実験を開始すると，初日には平均12時間ほどたっぷりと眠ったが，どの被験者も日を追うごとに睡眠時間は短くなっていき，3週間ほどたつと平均の睡眠時間はおよそ8時間15分に落ち着いた。この時点で睡眠が完全に充足しているので，被験者たちは平均8時間15分以上は眠れなかったのである。やはり，睡眠は貯金できないのだ。

参考資料：Dement WC. Sleep extension: getting as much extra sleep as possible. Clin Sports Med. 2005; 24: 251-268.

3 睡眠負債は健康をおびやかす

睡眠不足はNG，でも長時間睡眠もNG

STEP 2

慢性的に睡眠時間が短い人は，睡眠負債がたまっていると考えられる。その結果，昼間の眠気などの症状があるにもかかわらず，睡眠不足の自覚があまりない状態のことを，医学用語で「行動誘発性睡眠不足症候群」とよぶ。つまり，睡眠障害の一種とみなされているのだ。さらに，睡眠負債を抱えている人の心身には，さまざまな悪影響がおよんでいる可能性がある。肥満（62ページ）や高血圧，糖尿病はその代表的な例だ。最近ではがんや認知症にも関係があるといわれている。

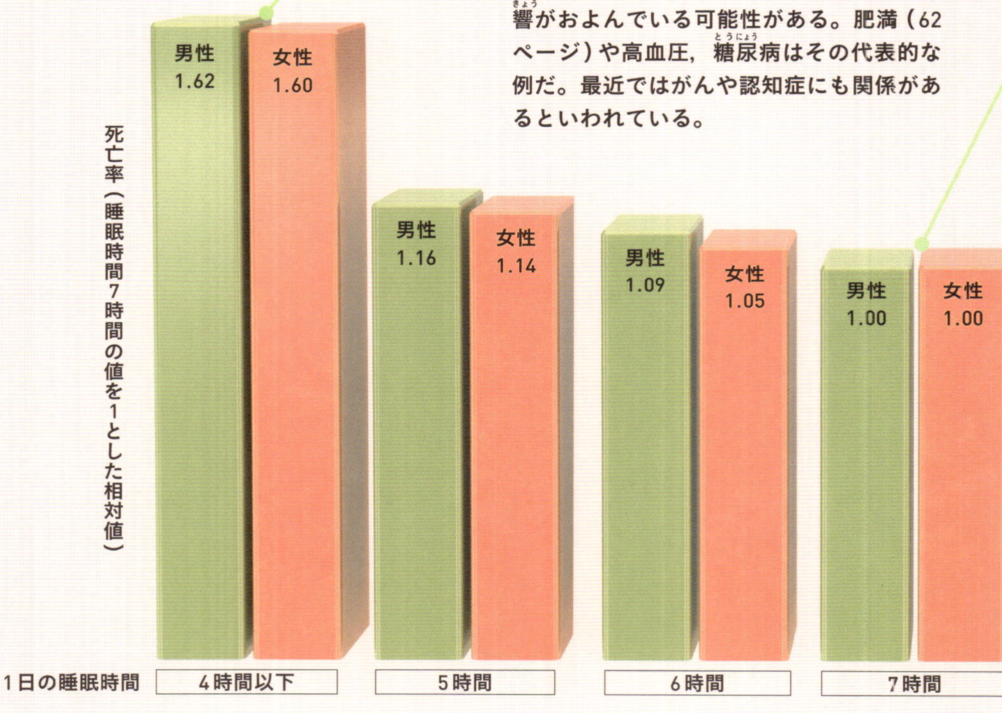

STEP 1

睡眠と死亡率について，興味深いデータがある。このグラフは，日本で1988～1999年に調査された，平均的な睡眠時間と死亡率の関係を示したものである。これによると，平日の睡眠時間が7時間ほどの人の死亡率が最も低く，それより短くても長くても，死亡率は増加していることがわかる。つまり，睡眠不足な人だけでなく，長時間睡眠をとる人も死亡リスクが上がるといえるのだ。このような調査は世界中で長年行われているが，いずれも同じような結果が得られている。

STEP 3

一方，睡眠時間の長い人の死亡率が高いのは，長く眠(ねむ)ることそのものが悪影響をもたらしているというわけではないと考えられている。そもそもヒトは必要以上に眠ることはできない。「睡眠時無呼吸症候群（60ページ）」といった，何らかの病気を抱えているために長く寝ざるを得なくなっている可能性が考えられるのだ。なお，寝ようとしてから入眠にいたるまでの時間（入眠潜時(にゅうみんせんじ)）が極端(きょくたん)に短いのも，睡眠負債のサインである。「いつでもすぐに眠れる」というのは自慢(じまん)にならないのだ。

データ出典：Tamakoshi A and Ohno Y; JACC Study Group. Self-reported sleep duration as a predictor of all-cause mortality: results from the JACC study, Japan. Sleep. 2004; 27: 51-54.

不眠症は四つのタイプに分けられる

STEP 1

「不眠症」とは，睡眠時間は確保しているが，眠ろうとしても思うように眠れないため，日中の生活に障害がある状態が週に3日以上，それが3か月以上つづく睡眠障害のことだ。不眠症には大きく分けて四つのタイプがある。一つ目は「入眠障害」である。横になってもなかなか寝つけず，それによって苦痛を感じるタイプの不眠症である。悩みごとや考えごとがある場合におきやすいといわれている。たとえば，心配性の人は不眠症になりやすいといわれる。また，災害がおきたり，自分や家族が病気になったりといったストレスが引き金になる場合もある。

入眠障害

STEP 3

四つ目は，「熟眠障害※」である。睡眠時間は十分なのに，ぐっすり眠った気がしないというタイプの不眠症だ。眠りが浅く，長い間夢をみる傾向がある。不眠症をこじらせる要因の一つが「持続因子」だ。たとえば，長い昼寝やカフェインの多量摂取などの“よくない習慣”をつづけていると，不眠症が長引き，慢性化してしまう場合がある。どのタイプでも，深刻な不眠に悩まされている場合には，自分で解決しようとせずに，早めに専門医に相談するのがよい。

熟眠障害

中途覚醒

早朝覚醒

STEP 2

高齢者によくみられるのが「中途覚醒」と「早朝覚醒」である。中途覚醒は，睡眠中に何度も目が覚め，いったん目が覚めるとなかなか寝つけないタイプの不眠症だ。入眠には問題がないのが特徴である。早朝覚醒は，予定よりずっと早く目が覚めてしまい，その後なかなか寝つけなくなるタイプの不眠症である。中途覚醒と早期覚醒をあわせて「睡眠維持障害」ともよばれる。客観的な計測では十分に眠れているのに，主観的には「あまり眠れていない」と感じてしまう状態を「睡眠誤認」とよぶ。とくに高齢者は年をとると必要な睡眠時間は短くなるのが普通だが，これを睡眠時間が足りていないと思いこむ場合も少なくない。

※：最新の診断基準では，熟眠障害ということばは使われていない。

3 睡眠負債は健康をおびやかす

睡眠時無呼吸症候群がふえている

STEP 1

睡眠時無呼吸症候群

睡眠中に呼吸が止まり，それによって睡眠が何度も中断される病気が「睡眠時無呼吸症候群」である。日本には潜在的に，中等症以上に限っても約900万人の患者が存在するといわれている。寝ているときに大きないびきをかき，ときどき10秒以上呼吸が止まっている場合は，睡眠時無呼吸症候群の可能性が高い。これを放置すると，日中の眠気で仕事などに支障が出るだけでなく，高血圧や糖尿病，さらには心疾患や脳梗塞にもつながるといわれている。

舌が垂れ下がる

空気

気道がふさがれる

軟口蓋が垂れ下がる

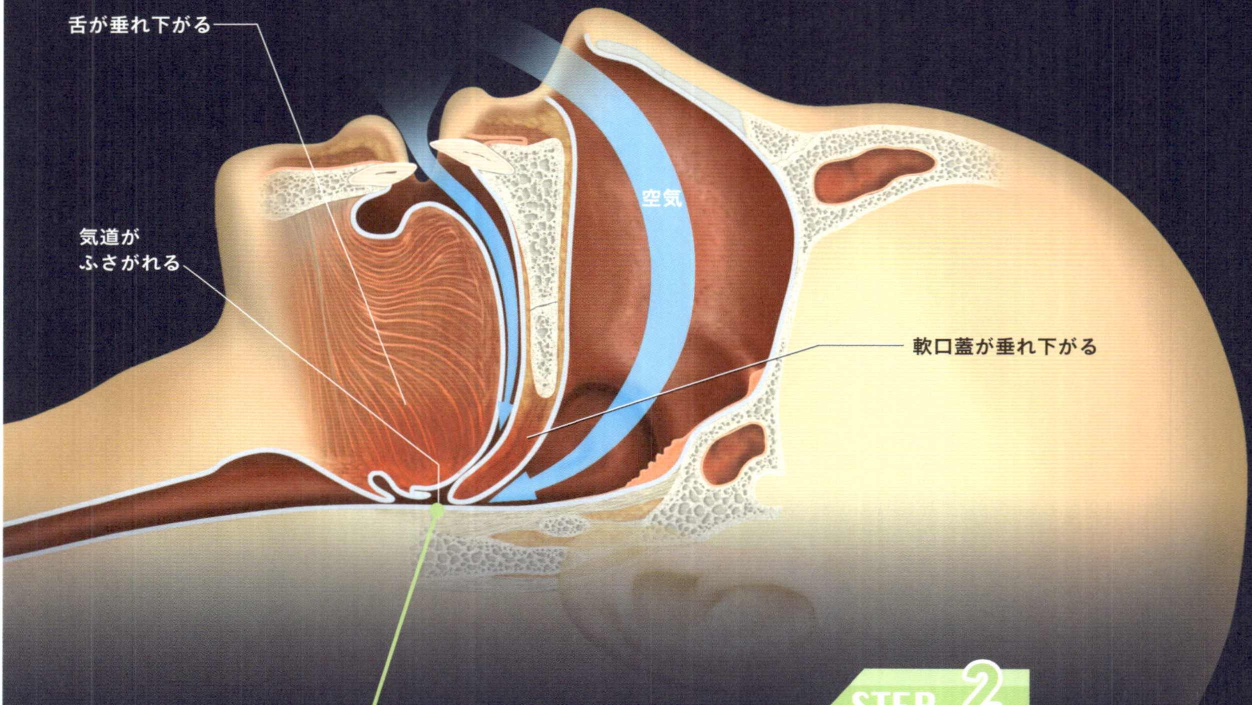

STEP 2

睡眠時無呼吸症候群は，寝ている間に気道がふさがれることでおきる。その原因の一つが加齢だ。年をとると，気道を開いておくための筋肉や軟部組織の構造が変化することなどにより，軟口蓋（口内奥のやわらかい天井部分）や舌が気道をふさぎやすくなるためだ。その次によくある原因が肥満である。首まわりに脂肪がつくことで気道がふさがりやすくなる。また，日本人を含むアジア人は，あごやのどまわりの骨格の特性により，肥満でなくても閉塞性睡眠時無呼吸症候群になりやすいので注意が必要だ。

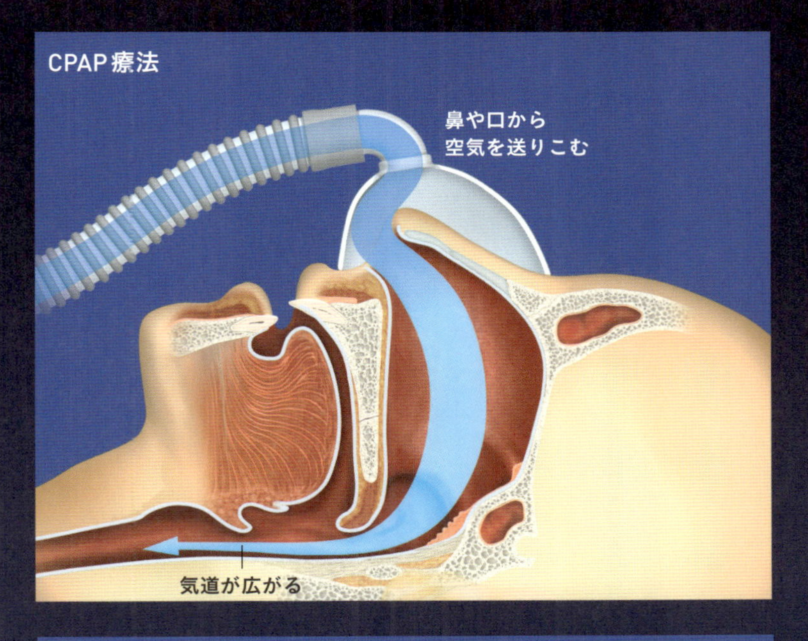

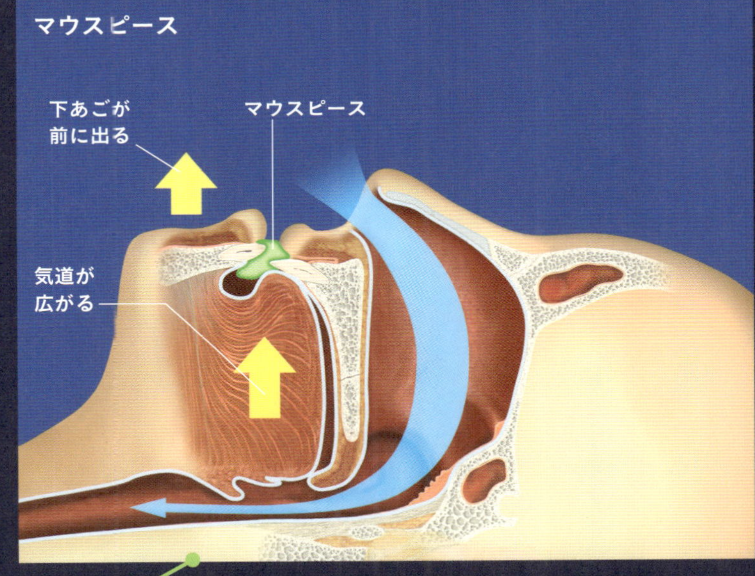

STEP 3

睡眠時無呼吸症候群の解決法は，いくつかある。まず，肥満の人は何よりもやせることだ。また，あおむけの体勢だと気道がふさがりやすいので，横向きに寝たり，寝具を調整して寝返りしやすくしたりするのも効果的だ。それでも改善しない場合は，鼻に空気を送る機器を使った「CPAP療法」がある。これが最も代表的な治療方法だ。マウスピースで下あごを前方に出して固定することで気道を広げる方法もあるが，重症の場合は効果が不十分だという報告もある。2021年6月には，「舌下神経電気刺激療法」という新しい治療法の保険適用が認められている。まず，手術によって舌下神経にパルスジェネレータをとりつける。この装置が患者の呼吸が止まったことを感知すると，舌下神経が刺激され，自動的に舌が前に出て気道が確保される，というものである。

3 睡眠負債は健康をおびやかす

睡眠不足は肥満のリスクを上げる

STEP 1

睡眠時間が短いほど太る傾向があるといわれている。子どもでも大人でも，この傾向は同じだ。たとえば富山県の児童およそ1万人を対象にした調査では，毎日10時間以上睡眠をとっている子どもにくらべて，8時間以下しか眠っていない子どもは，3倍近くも肥満の度合いが高くなっていたという。仮に睡眠不足が肥満をまねいているとした場合，その原因の一つと考えられるのが運動不足だ。睡眠が足りていないと，昼間でも眠くなり，疲労感が強くなる。結果的に運動をしなくなり，肥満が進むというものだ。

STEP 3

ほかにも，睡眠不足と高血圧や糖尿病（2型）などとの関連が指摘されている。これらはそもそも肥満と関連の強い，いわゆるメタボリック症候群が進行した状態である。睡眠負債を甘くみると，肥満だけでなく，そこからさまざまな病気が発症するリスクが高まるのだ。睡眠不足だった人が，十分な睡眠（とくにノンレム睡眠のステージ3）をとると，血糖値が下がったり，さまざまなホルモンの分泌量が正常化したりするという報告もある。睡眠負債をなくすだけで，これらの生活習慣病を改善できる可能性があるといえる。

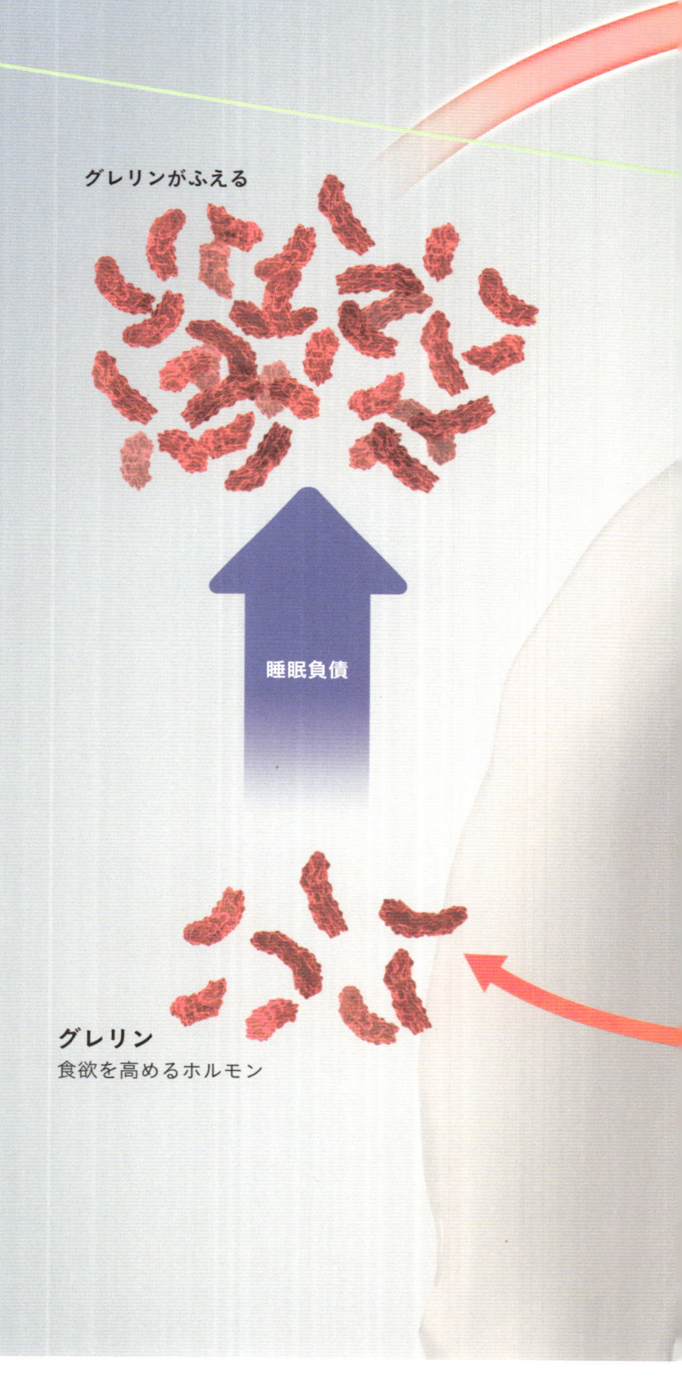

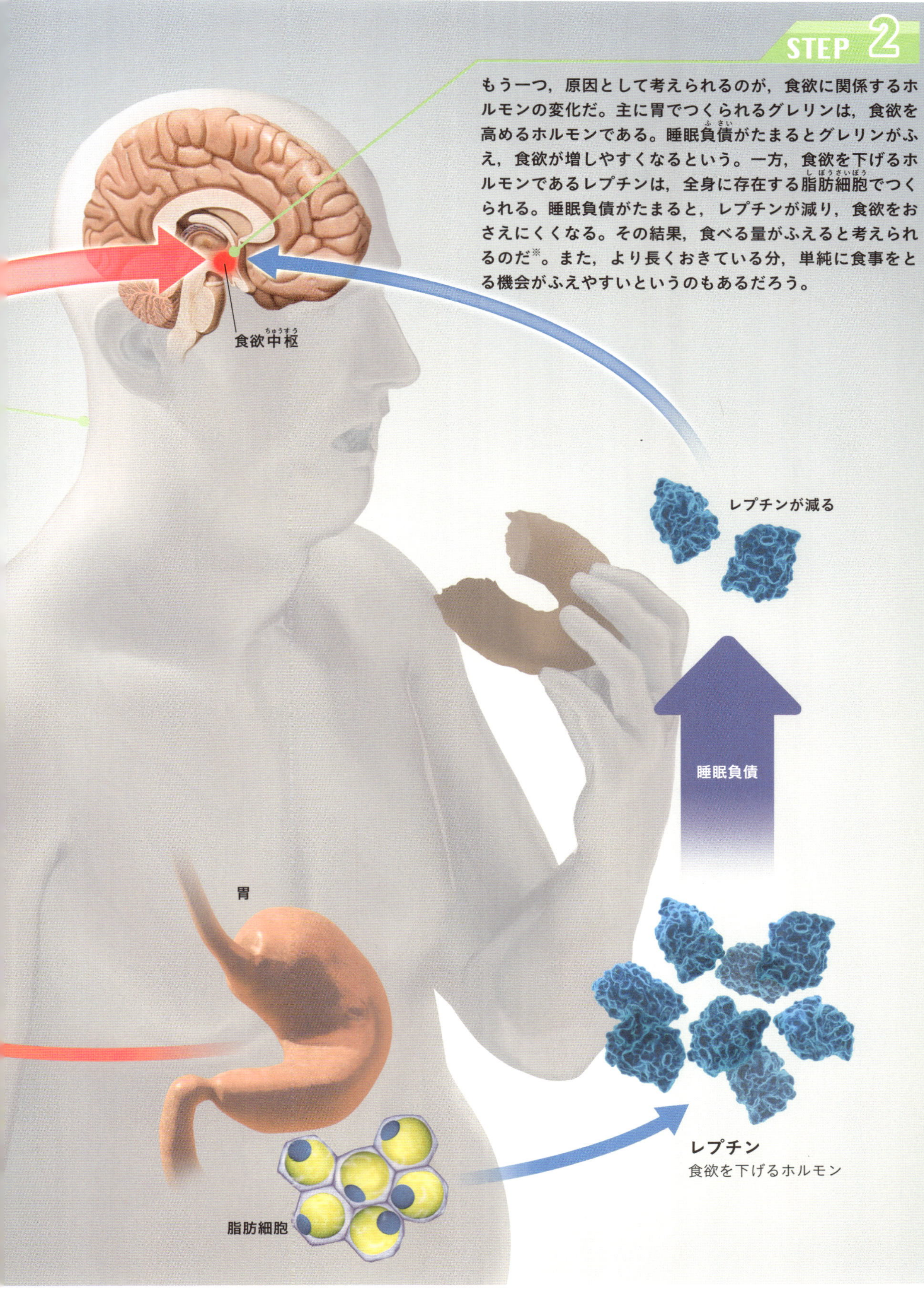

もう一つ，原因として考えられるのが，食欲に関係するホルモンの変化だ。主に胃でつくられるグレリンは，食欲を高めるホルモンである。睡眠負債がたまるとグレリンがふえ，食欲が増しやすくなるという。一方，食欲を下げるホルモンであるレプチンは，全身に存在する脂肪細胞でつくられる。睡眠負債がたまると，レプチンが減り，食欲をおさえにくくなる。その結果，食べる量がふえると考えられるのだ※。また，より長くおきている分，単純に食事をとる機会がふえやすいというのもあるだろう。

※：睡眠不足で肥満になる原因をレプチンとグレリンで説明できるかどうかについては，現在でも専門家の間で論争がつづいている。

3 睡眠負債は健康をおびやかす

腸内細菌(さいきん)が睡眠(すいみん)のリズムをととのえる

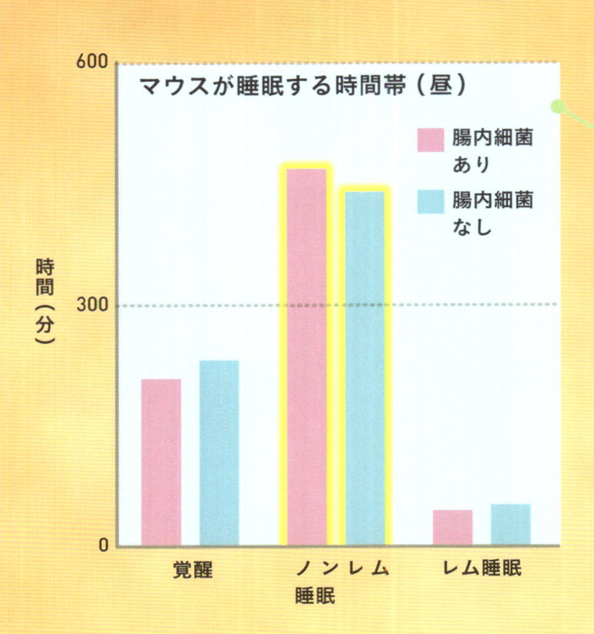

STEP 2

また，筑波(つくば)大学の研究チームが2020年にマウスで行った実験に次のようなものがある※2。「③通常のマウス」と，「④抗生(こうせい)物質を投与(とうよ)して腸内細菌を除去したマウス」を用意する。すると，④のマウスでは，睡眠する時間帯にはノンレム睡眠の時間が減るなど，睡眠と覚醒(かくせい)のリズムがくずれたのである。また，④のマウスの腸管では，「セロトニン（40ページ）」や「ビタミンB_6」などが減っており，神経活動をおさえる「グリシン」や「GABA」などがふえていたのだ。これらの物質の生産にかかわる腸内細菌がいなくなったことで，神経活動に変化がおき，睡眠にも変化がおきたと考えられている。

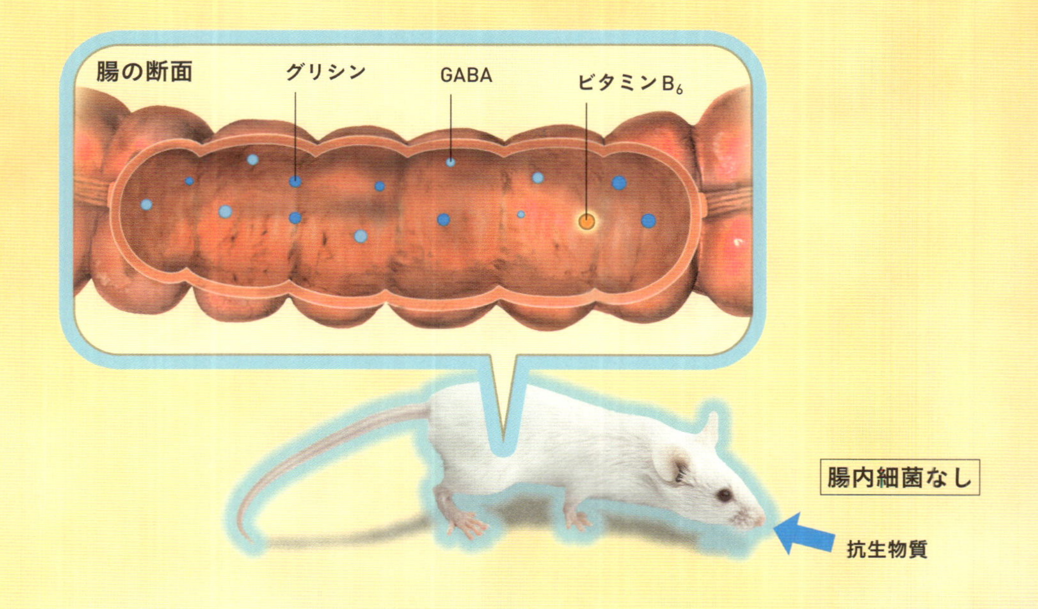

※1：Takada M, et al. Beneficial effects of Lactobacillus casei strain Shirota on academic stress-induced sleep disturbance in healthy adults: a double-blind, randomised, placebo-controlled trial. Benef Microbes. 2017; 26: 153-162.

STEP 1

近年の研究により，腸内環境が睡眠に影響していることがわかってきた。たとえば，精神的ストレスがかかる環境下で乳酸菌飲料を飲むと，睡眠の質が高まるという報告がある※1。この実験では，進級テストをひかえた大学生94人を対象に，「①テストの8週間前から乳酸菌飲料を飲むグループ」と，「②乳酸菌を含まない飲料を飲むグループ」に分け，睡眠の時間が調査された。すると，②のグループのみ，ノンレム睡眠のステージ3の時間が短くなったという。

STEP 3

ヒトの腸には1000種類，40兆個以上の腸内細菌がいると推定されている。乳酸菌を含む飲食物を摂取してもそのまま腸に定着することはほぼない。しかし，腸を通過するときに腸内環境をととのえたり，既存の腸内細菌にはたらきかけたりすることで，腸と脳をつなぐ「迷走神経」を介して脳に影響をあたえる可能性があるとされている。腸内細菌の研究が進めば，食習慣によって腸内環境をととのえ，睡眠を改善できるようになるかもしれない。

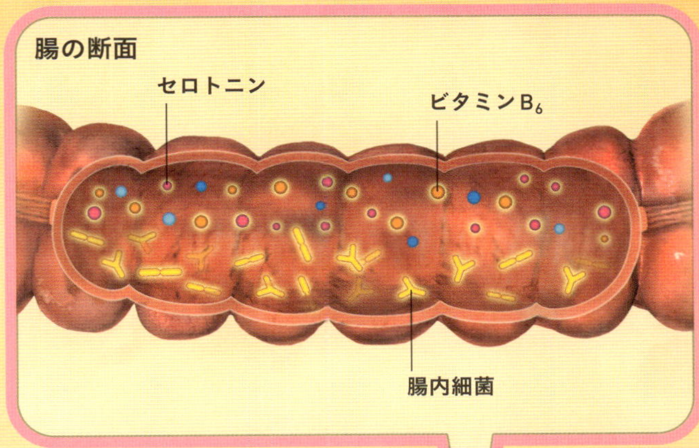

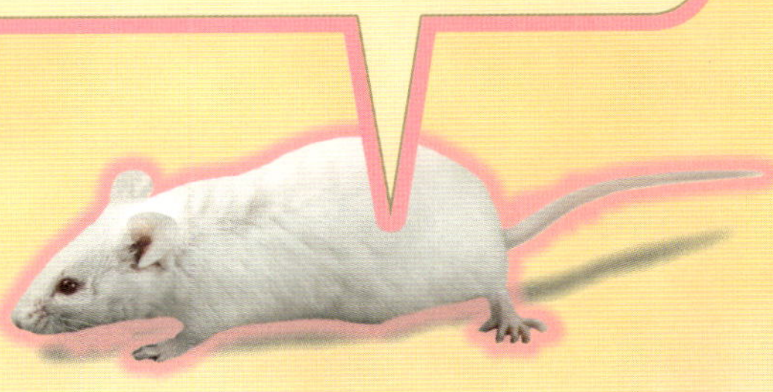

※2：Ogawa Y, et al. Gut microbiota depletion by chronic antibiotic treatment alters the sleep/wake architecture and sleep EEG power spectra in mice. Sci Rep. 2020; 10: 19554.

3 睡眠負債は健康をおびやかす

日本では子どもたちも睡眠不足に悩んでいる

STEP 2

厚生労働省がまとめた「健康づくりのための睡眠ガイド2023こども版※2」によると，小学生は9～12時間，中高生は8～10時間の睡眠時間が推奨されている。しかし，日本の子どもたちは睡眠時間が足りていないのが実情だ。東京大学の研究グループが進めている調査では，小学校から高校までの全学年の子どもたちで睡眠時間が推奨を下まわっていたという報告もある※3。背景として，小学生では受験のための塾通いやゲームへの熱中，中学生以降ではそれに加えて学業や部活などによる拘束時間の増大，ベッドにスマホを持ちこむ習慣などが考えられる。成長期に脳や身体を健やかに成長させるためにも，質のよい睡眠をしっかりとることが重要だといえる。

※2：健康づくりのための睡眠ガイド2023こども版 https://www.dietitian.or.jp/trends/upload/data/342_Guide.pdf
※3：https://www.nhk.or.jp/shutoken/newsup/20240319b.html

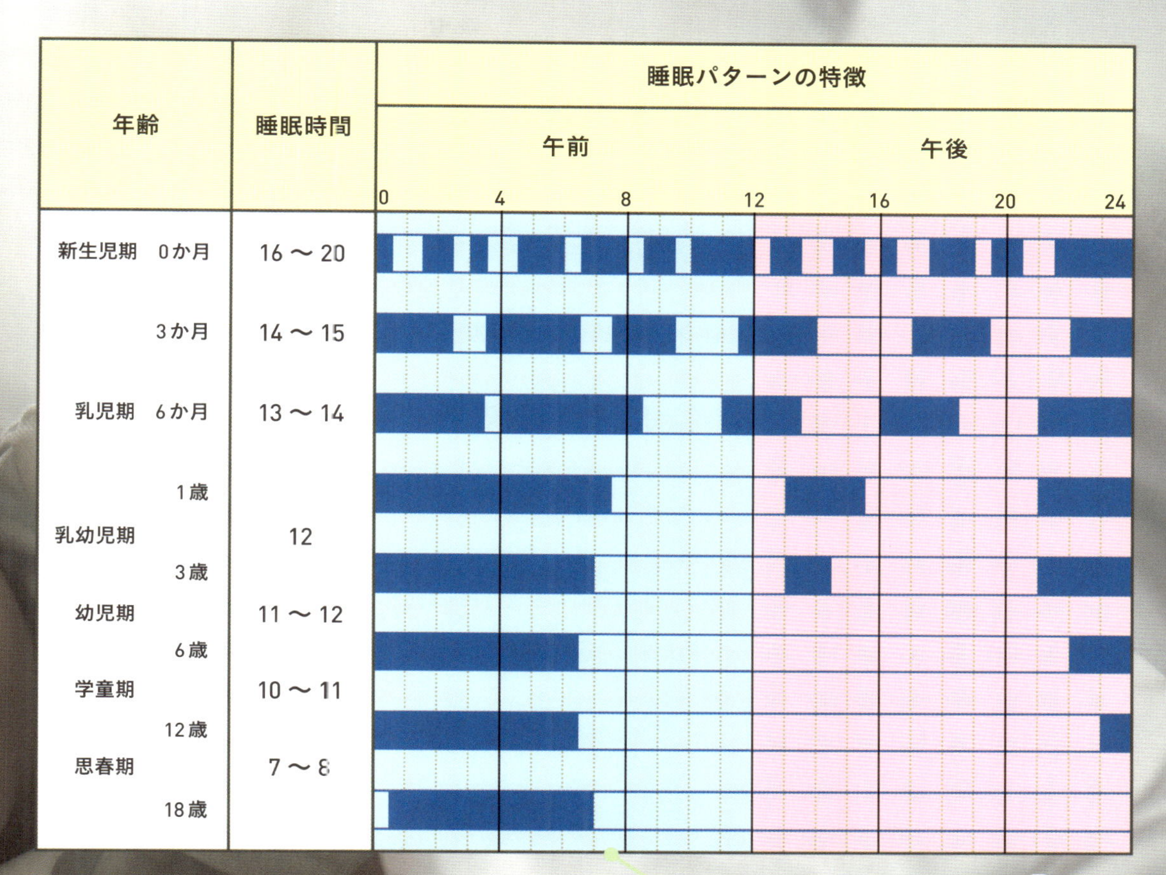

STEP 1

50ページで紹介（しょうかい）したように，成長期の子どもにとって睡眠はきわめて重要だ。このグラフは，「未就学児の睡眠指針[※1]」の資料をもとに作成した，年齢（ねんれい）ごとの睡眠の特徴（とくちょう）をまとめたものだ。0か月では短時間の睡眠と覚醒（かくせい）をくりかえしているが，3か月ごろになると昼夜の区別が生まれ，6か月から1歳（さい）で睡眠時間の7〜8割が夜になっていく。その後5歳ごろまでに昼寝（ひるね）の時間が必要なくなり，就寝（しゅうしん）時刻が遅（おそ）くなっていくという変化をたどる。

※1：未就学児の睡眠指針 https://sukoyaka21.cfa.go.jp/media/tools/s4_nyu_pan004.pdf

睡眠障害は，精神疾患にもかかわってくる

STEP 2

アメリカのある研究チームが，9～10歳の子どもに対して，睡眠不足があたえる影響を2年間にわたって調査したものがある。それによると，睡眠不足（9時間未満）のグループでは，2年後も抑うつなどメンタルヘルスが悪く，認知機能が低い，問題行動が多いなどの傾向もみられたという※2。睡眠障害は子どものメンタルヘルスや発達に悪影響をあたえると考えられるのである。また，同じ子ども達を対象とした別の研究で，1年間睡眠と精神疾患，脳活動の関係を調査したものもある※3。その結果，不眠と精神疾患をあわせもつ子どもでは，「デフォルト・モード・ネットワーク」と「背側注意ネットワーク」という2種類の神経ネットワーク内，およびネットワーク間の結合が，健常な人にくらべて変化していることがわかった。ネットワークの結合の変化が，不眠や精神疾患などに影響をあたえるしくみは未解明だが，解明できれば新しい治療法や予防法の開発につながると考えられる。

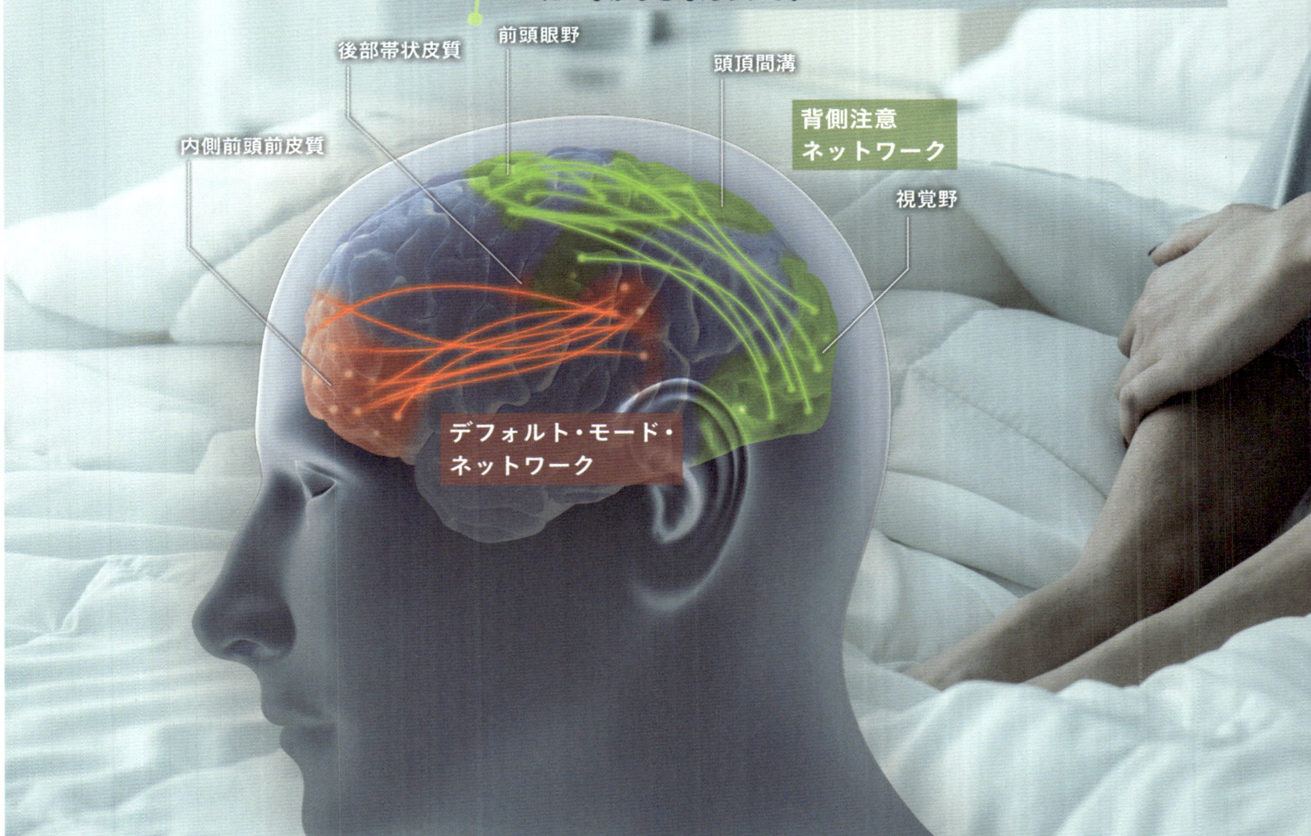

※3：Yang FN, et al. Functional connectome mediates the association between sleep disturbance and mental health in preadolescence: A longitudinal mediation study. Hum Brain Mapp. 2022; 43: 2041-2050.

STEP 1

不眠を症状にもつ精神疾患は多くある。また，不眠が精神疾患を悪化させる場合もあり，おたがいに悪循環をもたらすことが知られている。たとえば，「うつ病」患者の約90％以上が不眠症を併発するとされる。うつ病の患者は発病初期から不眠を訴えることがあり，症状がなくなっても不眠が残ることもある。「双極性障害」の場合，躁や軽躁期に眠気の減少，短時間睡眠などがみられる。「心的外傷後ストレス障害（PTSD）」では，睡眠効率の低下やレム密度※1の増加がみられる。「統合失調症」では，睡眠までの時間がのび，総睡眠時間の減少，睡眠効率の低下などがみられる。精神状態を健康に保つためにも，睡眠を適切にとることが重要だ。

※2：Yang FN, et al. Effects of sleep duration on neurocognitive development in early adolescents in the USA: a propensity score matched, longitudinal, observational study. Hum Brain Mapp. 2022; 6: 705-712.

※1：一定時間あたりの急速眼球運動の回数のこと

睡眠のメカニズムの解明が，新しい睡眠薬を生んだ

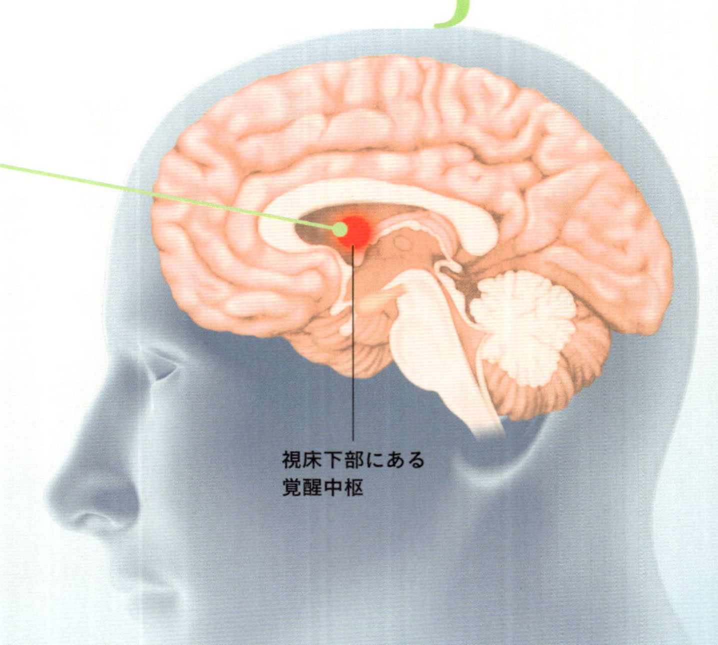

STEP 2

脳内物質であるオレキシンは当初，睡眠ではなく食欲を脳内でコントロールする物質だと予想されていた。しかし，オレキシンは，ヒトが安定して覚醒しつづけるために必要な脳内物質であることがわかったのだ。脳の視床下部には，覚醒状態を維持するための部位があり，「覚醒中枢」とよばれている。覚醒中枢の一部分である脳幹や結節乳頭体核の表面にもオレキシンの受容体があり（右のイラスト），ここにオレキシンが結合すると覚醒にかかわる神経伝達物質が分泌され，覚醒状態が維持されるのである。

STEP 1

現在，不眠症などの治療に使われている睡眠薬は，大きく三つに分けることができる。一つ目は，不安をやわらげ，眠りをもたらす脳内物質である「①GABAのはたらきを強める薬」だ。二つ目は，「②メラトニン受容体作動薬」だ。メラトニンを模倣することで眠気をもたらす薬である。三つ目は，「③オレキシン受容体拮抗薬」だ。「オレキシン」のはたらきを邪魔することで眠気をもたらす睡眠薬である。

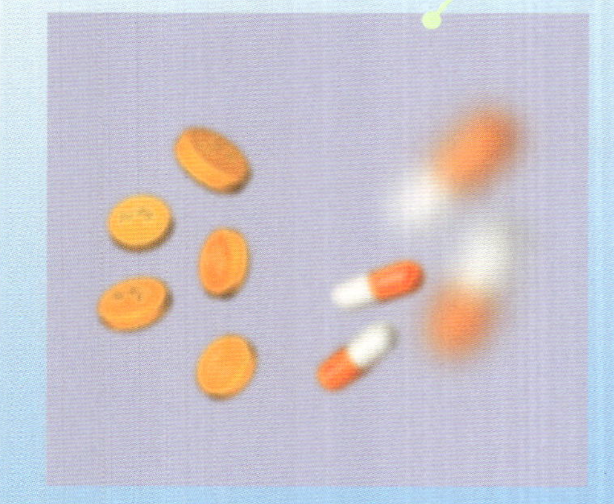

神経細胞の細胞膜

STEP 3

このメカニズムに注目したのが，世界の製薬会社だった。受容体へのオレキシンの結合をブロックすれば，新しい睡眠薬を開発できると考えたのだ。研究競争の末に生まれたのが，③のオレキシンの結合をブロックするタイプの新しい睡眠薬だ。オレキシン受容体拮抗薬が受容体に結合し，オレキシンの結合をブロックする。すると覚醒シグナルがなくなるため，睡眠にいたる。従来の睡眠薬よりも副作用が比較的少なく，依存性や認知機能の低下，ふらつきが少なく，薬への耐性がつきにくいとされ，不眠症の治療薬として普及が進んでいる。

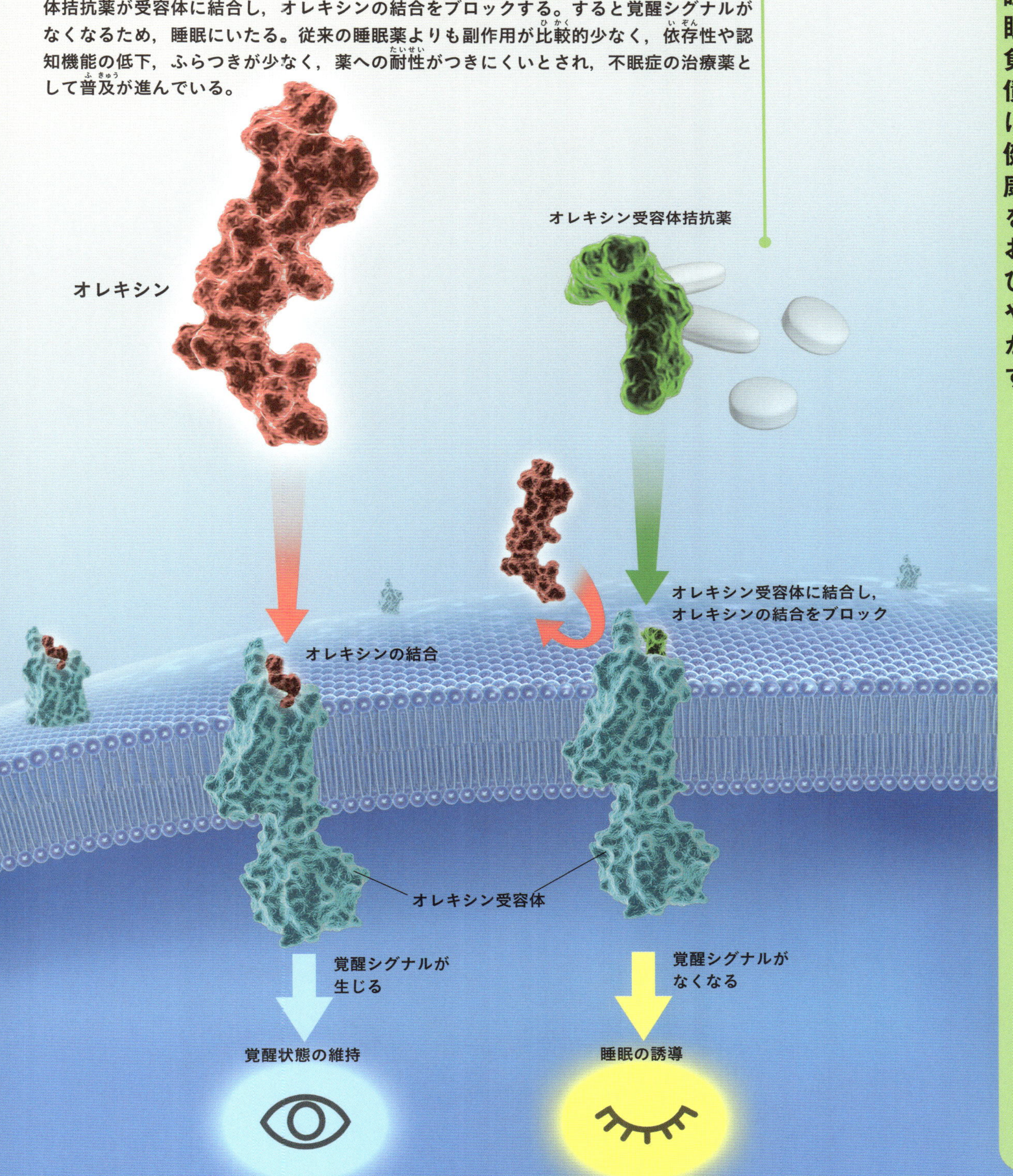

3 睡眠負債は健康をおびやかす

眠気がおさえられない「ナルコレプシー」

STEP 1

長い会議中などに眠気がやってくることは，だれにでもあり得る。しかし，会話中や運転中などの緊張した場面であっても，耐えがたいほどの強い眠気におそわれ，それが日中にくりかえすようであれば，「ナルコレプシー」という病気かもしれない。覚醒と睡眠を切りかえるうえで重要な役割を果たすのが，70ページで紹介した「オレキシン」である。ナルコレプシーの患者のほとんどは，このオレキシンが脳内でつくられなくなっていると考えられている。

STEP 2

オレキシンがないと，覚醒の維持が不安定になり，時と場所を選ばず，突然，眠気がやってくるようになる。その逆に，覚醒と睡眠が頻繁に入れかわりやすくなることから，寝ている間にくりかえし目が覚めてしまうこともある。また，レム睡眠が入眠直後に生じるなど不規則になりやすい。さらに，喜びや笑いで感情が大きく変化するときに筋肉が脱力してしまう「情動脱力発作」がおきやすいことも，ナルコレプシーの特徴だ。単なる居眠りにも見えてしまうナルコレプシーだが，社会生活を送るうえで大きな失敗や事故にもつながる，深刻な病だといえる。

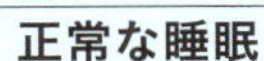

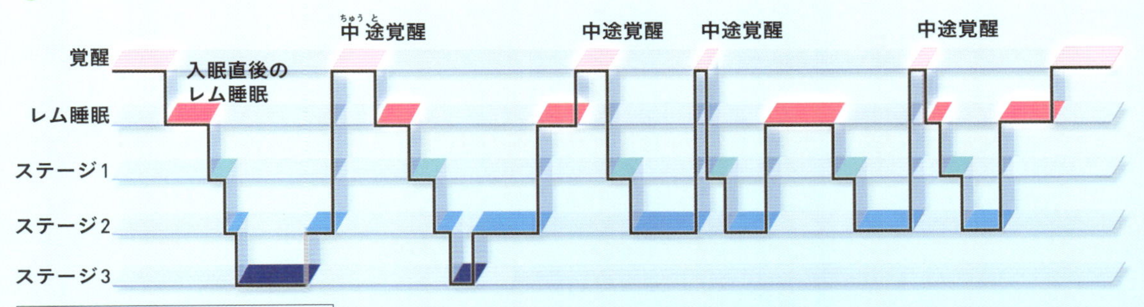

ナルコレプシー患者の睡眠

STEP 3

ナルコレプシーの症状を緩和させる薬はあるが，根本的な治療法はまだみつかっていない。オレキシンを脳に直接投与することでナルコレプシーが改善されることはマウスの実験からわかっているが，オレキシンは分子が大きすぎて薬として服用しても脳には届かないのだ。しかし2015年，筑波大学の研究グループにより，オレキシンと同じようなはたらきをする化合物がつくられた。この化合物はオレキシンの分子よりも小さいため，経口投与や静脈注射などで脳に届く。この化合物をナルコレプシーのマウスに投与すると情動脱力発作がおさえられ，正常なマウスに投与すると覚醒している時間がのびたのである。オレキシン受容体作動薬は現在，武田薬品工業の化合物の臨床試験（治験）が進んでいる。

オレキシン
（ナルコレプシー患者では欠乏している）

オレキシンと同じはたらきをもつ化合物

オレキシン受容体

結合

覚醒シグナルがなくなる

覚醒シグナルが生じる

覚醒の維持が不安定
（ナルコレプシー）

安定な覚醒

3 睡眠負債は健康をおびやかす

Q&A

Q/ 脚がむずむずして眠れないのは，睡眠障害のサイン？

A/ 夜寝ているときに，ふくらはぎや足先などの下肢にむずむずした感覚があって眠れなくなった，という経験はないだろうか。これはレストレスレッグス症候群（RLS：restless legs syndrome，むずむず脚症候群）とよばれる，睡眠関連疾患の一つだ。下肢がむずむずするのは眠れないせいだと思い，医師に不眠のみを訴える場合も多いといわれている。

このむずむず感は夕方から夜間にかけてあらわれ，動くことで一時的にやわらぐ。なんとかむずむずを解消しようと，下肢を動かしたり，歩きまわったりするために，頻繁に睡眠がさまたげられ，重い不眠症状が出る。1か月に数回くらいの頻度のものから，昼間まで症状がつづいて，毎日，長時間，むずむずにさいなまれる場合まであるという。

RLSは睡眠障害の中では，不眠症や睡眠時呼吸障害などに次いで有病率が高い疾患だ。高齢者，女性に多く，患者のおよそ3分の1には家族歴があるという。さらに，患者の60～80%が，睡眠時周期性四肢運動（PLMS）を合併しているといわれる。PLMSとは，数秒～10数秒ごとに脚を不随意にそり返らせる，あるいはけりだすような運動のことをさす。この動きは，RLSと関係なくほかのさまざまな疾患と関連している。薬で治療できる場合も多いので，思い当たることがある人は，医療機関を受診してみるとよいだろう。

Q/ “ほんもの”のショートスリーパーはごく少数？

A/ 一般的な人の平均睡眠時間は6～8時間とされている。しかし中には，睡眠時間が4時間程度でも健康に過ごせる「ショートスリーパー」とよばれる人たちがいる。ショートスリーパーは小児期，若年期から睡眠時間が短く，生涯つづくとされている。睡眠時間が短くても，日常生活に支障なく過ごすことができる。自分もショートスリーパーになって，1日の活動時間をふやしたいと思う人もいるかもしれない。しかし，残念ながらショートスリーパーかどうかは遺伝子によって決まっており，努力してなれるわけではない。

ショートスリーパーには複数の遺伝子がかかわっていると考えられている。遺伝的にショートスリーパーである人は確かに存在するが，ショートスリーパーの発生頻度は，カリフォルニア大学の研究グループの報告によると，10万人に約4人とされているそうだ※1。

睡眠時間には個人差があり，その長さではなく，昼間に眠気があるかどうかで適切な睡眠時間を判断する。ショートスリーパーは極端に睡眠時間が短くても，睡眠学的には必ずしも病気ではないとされる。重要なのは，睡眠不足や別の疾患からくる短時間睡眠との鑑別だ。ショートスリーパーとしてよく名前があがるフランス皇帝ナポレオン・ボナパルト（1769～1821）も，実はよく昼寝をしていたという説がある。昼間の眠気や自覚症状がなくても，実は睡眠不足である可能性も高いので注意が必要である。

Q/ 睡眠は脳のリフレッシュにつながる？

A/ 睡眠中には，脳が“洗浄”されてリフレッシュされているとする考えがある。2021年，筑波大学の研究チームは，レム睡眠中のマウスの脳の毛細血管で赤血球の量が増加すると発表した[※2]。覚醒中とノンレム睡眠中ではほぼ赤血球の量の差がなかったのに対し，レム睡眠中では2倍近い量が流れていたのだ。これは，血流が増加していることを意味する。血流が増加すると，酸素の供給や老廃物の除去などが活発に行われるはずである。そのため研究チームは，レム睡眠中に脳がリフレッシュされている可能性があるとしている。

これまでレム睡眠が心身の健康にもたらす影響はよくわかっていなかったが，レム睡眠が栄養供給や老廃物除去などを活性化し，認知症の発症リスクなどに影響している可能性があることがわかったと研究チームは報告している。これまでも，ノンレム睡眠中には，脳や脊髄の内部を流れる脳脊髄液[※3]が増加することで，アルツハイマー病の原因とされる「アミロイドβ」などの脳内の老廃物が洗い流されているという研究もあった。ただし，この研究が報告されて10年くらいたつが，実験結果が再現できないなど反論する研究者もいる。

Q/ 睡眠薬はどのようにして効くのか？ 副作用はあるのか？

A/ 睡眠薬として古くからあるのが，GABA（ガンマアミノ酪酸）のはたらきを強める薬である。神経伝達物質の中でも，不安やいらいらを取り除き，眠りにみちびくはたらきをもつのが，GABAという物質である。GABAはアミノ酸の一種であり，植物や動物の体内に広く存在している。このタイプの睡眠薬は脳の大脳辺縁系に作用することで，GABAのはたらきを強め，眠気をもたらしているのである。

GABAは，睡眠だけでなく，記憶や運動などさまざまな脳のはたらきに関与している。そのため，このタイプの睡眠薬を服用すると，眠くなることのほかにいくつかの副作用が生じる。たとえば，筋肉が弛緩する（ゆるむ）ことにより，ふらつきや転倒がおきやすくなる。また，服用したあとにおきた出来事を覚えていない（記憶障害），長期間服用すると依存性や耐性が出やすい，などもおこる。また，長期に大量に服用していた人が中断すると不眠が治療前より悪化することもある（反跳性不眠）。

より新しいタイプの睡眠薬が，オレキシン受容体拮抗薬（70ページ）である。脳内の覚醒物質であるオレキシンのはたらきを弱めることで，自然な睡眠を誘導することができる。オレキシン受容体拮抗薬は依存性や耐性といった副作用が少ないことが特徴である。

※1：Shi G, et al. A Rare Mutation of β1-Adrenergic Receptor Affects Sleep/Wake Behaviors. Neuron. 2019; 103: 1044-1055.
※2：Covassin N, et al. Effects of Experimental Sleep Restriction on Energy Intake, Energy Expenditure, and Visceral Obesity. J Am Coll Cardiol. 2022; 79: 1254-1265.
※3：脳や脊髄の内部を，動脈から静脈に向かって流れる体液。

4　ためになって面白い睡眠雑学

何日も眠らないと，人はどうなるのか

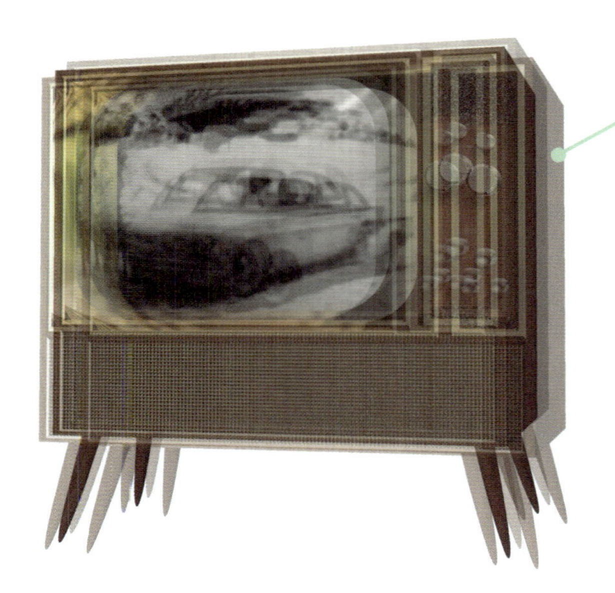

STEP 1

人は，何日も眠らないと，いったいどうなってしまうのか。1964年，アメリカのサンディエゴの高校生ランディ・ガードナーが行った挑戦がある（極めて危険な実験であり，絶対にまねをしてはいけない）。17歳のランディは自由研究のテーマに「断眠が人体にあたえる影響」を選び，みずからを被験者に記録をとった。すると，断眠実験を開始して2日目で，ランディは目の焦点を定めるのが困難になった。2日目以降は，目が疲れるため，テレビを見るのをやめたという。断眠3日目で，気分が変わりやすくなり，吐き気がするようになったという。

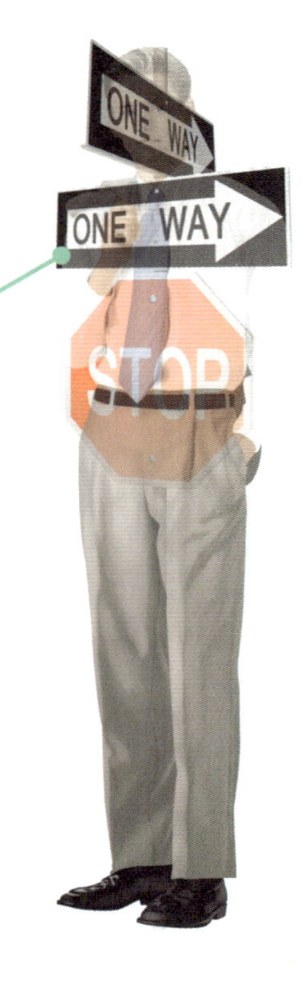

STEP 2

断眠4日目に入ると，集中力が欠如し，道路標識が人間に見えるといった幻覚を見るようになる。5日目には断続的に空想にふけるようになり，6日目には物を立体的に見る能力が落ちたという。4日目ごろからは記憶の欠落がみられるようになり，集中力もなくなっていく。頭にきつく布が巻かれているような感じがした，とランディは記録している。

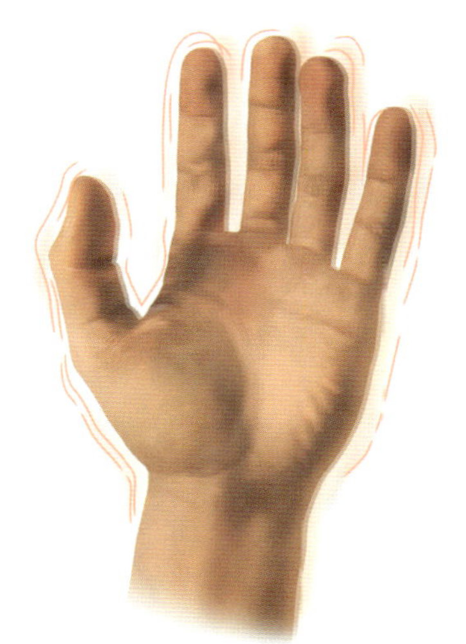

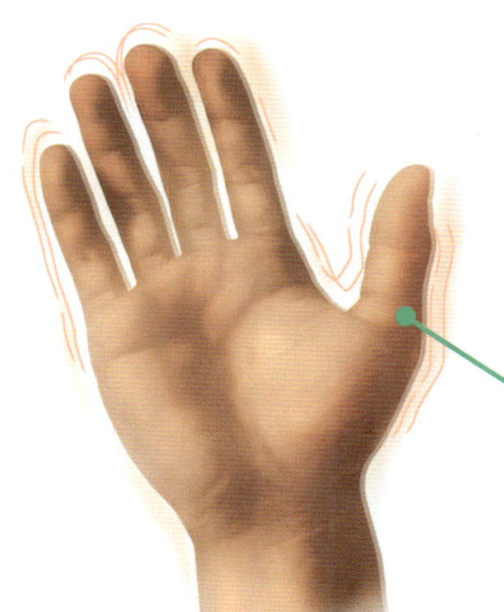

STEP 3

断眠7日目，明らかにろれつがまわらなくなり，8日目には発音も不明瞭になって，9日目には文章が最後まで話せなくなるようすがみられた。腕をのばすと，指がぴくぴくとふるえる現象がみられ，まぶたを上げようとしても上がらなかったり，眼球が細かくふるえたりする現象がみられたそうだ。なお，ランディは断眠の間，コーヒーなどの興奮作用のあるものはいっさい口にしなかったという。

STEP 4

断眠10日目以降も記憶や言語に関する能力の低下がみられ，断眠12日目に実験は終了した。記憶の欠落は断眠4日目くらいから出はじめており，自分では気づかないうちに脳がごく短時間の睡眠をとる「マイクロスリープ」という現象がおきていたと推測されている。また，話し方は断眠が進むにつれてゆっくりになり，ろれつがまわらなくなったうえに，抑揚もなくなっていったという。ランディは断眠終了後，14時間40分ほど眠ったという。その後，ランディの脳には後遺症が残ったとする資料もあり，長期の断眠は脳に障害をもたらす可能性がある危険な行為であることがうかがえる。

4 ためになって面白い睡眠雑学

なぜ眠いときにコーヒーを飲むとすっきりするのか

STEP 1

脳の「側坐核」という部位には，眠気をもたらす「睡眠促進ニューロン」が存在する。この細胞には，通常ドーパミンという脳内物質が受容体を介して結合しており，そのはたらきがおさえられている。そのため眠気がおきにくい。ドーパミンは興奮するような刺激があたえられることでも放出される。やる気や興味が高まると，眠気が吹き飛んで目がさえるような感覚になるのはそのためだ。

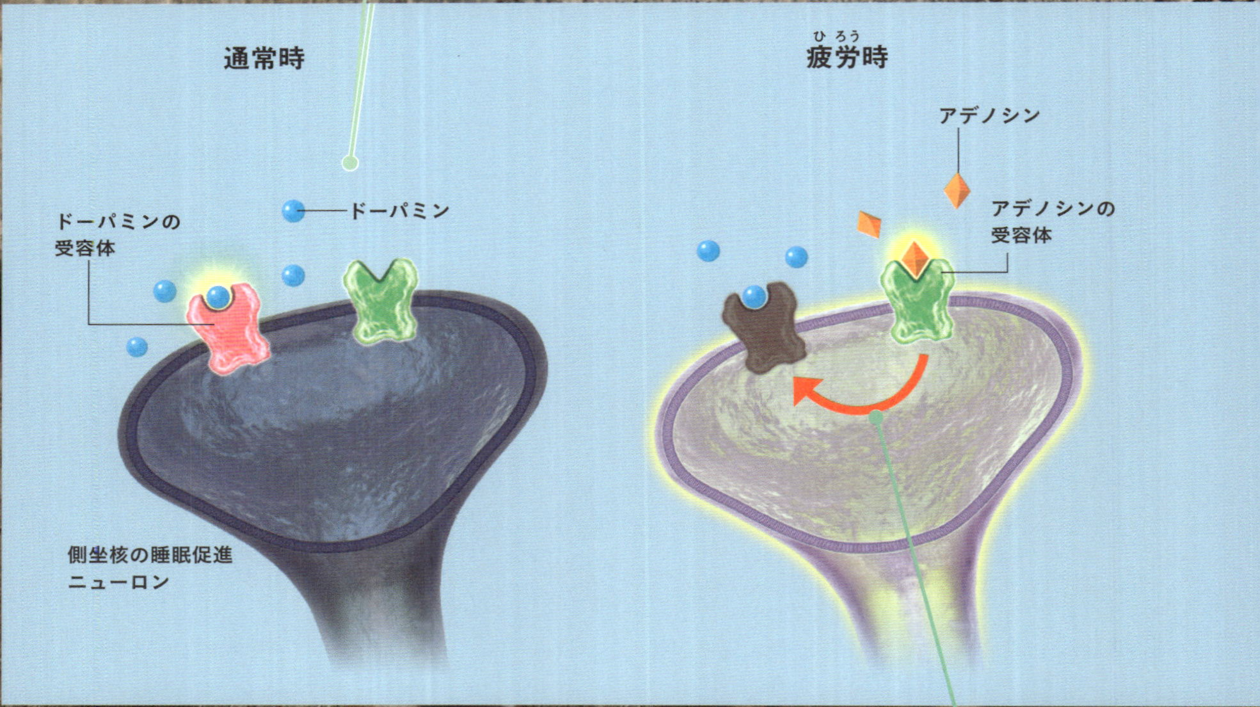

STEP 2

しかし体が疲れてくると，抑制ニューロンの別の受容体に「アデノシン」が結合して，ドーパミンのはたらきがおさえられる。すると，睡眠促進ニューロンがはたらくようになるため，眠くなるのだ。マウスを使った実験でも，人為的に睡眠促進ニューロンを刺激すると，急速に眠気が誘導されることがわかっている。退屈な会議や授業，映画などの途中に，眠気におそわれてついうとうとしてしまうのも，同じメカニズムと考えられる。

STEP 3

では，眠気覚ましにコーヒーが効くのはなぜだろうか。コーヒーやお茶に含まれる「カフェイン」の化学構造は，アデノシンとよく似ている。しかも，アデノシンよりも睡眠促進ニューロンの受容体に結合しやすい。そして，ドーパミンのはたらきをおさえる作用がないという特徴もある。そのため，カフェインがアデノシンのかわりに受容体に結合することで，睡眠促進ニューロンがはたらかず，眠くならないのだ。

4 ためになって面白い睡眠雑学

お腹の中の胎児(たいじ)も眠(ねむ)っている

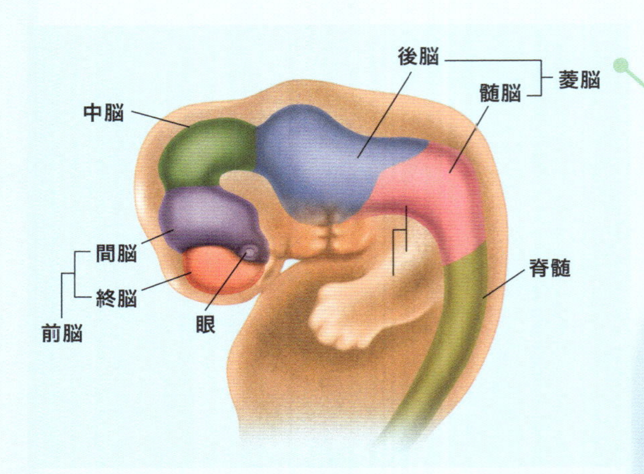

STEP 1

母親のお腹の中にいる胎児は睡眠(すいみん)をとるのだろうか？　実は大脳が形成される前の胎児は眠らないのだ。脳は受精後6週ごろ，胎児の頭部から尾部(びぶ)に向かってのびる「神経管」からつくられる。神経管に最初にあらわれるのは三つのふくらみで，頭側から「前脳」「中脳」「菱脳(りょうのう)」とよばれる。前脳はその後，「終脳」と「間脳」に，菱脳は「後脳」と「髄脳(ずいのう)」に分かれる。

STEP 2

受精後3か月ごろになると，胎児の脳では，終脳が後ろどなりの間脳におおいかぶさるように成長していく。後脳は，「小脳」と「橋(きょう)」（左右の小脳半球を結ぶ部分）になる。髄脳は，「延髄(えんずい)」（呼吸や血液循環(じゅんかん)の調整などを行う）になる。大脳ができてはじめて，胎児は眠るようになる。胎児に最初にあらわれる睡眠は，レム睡眠に似ている。胎児のレム様睡眠は，「脳幹」から脳神経細胞(さいぼう)の活動を刺激(しげき)する信号を出すことで，大脳の発育をうながすと考えられている。

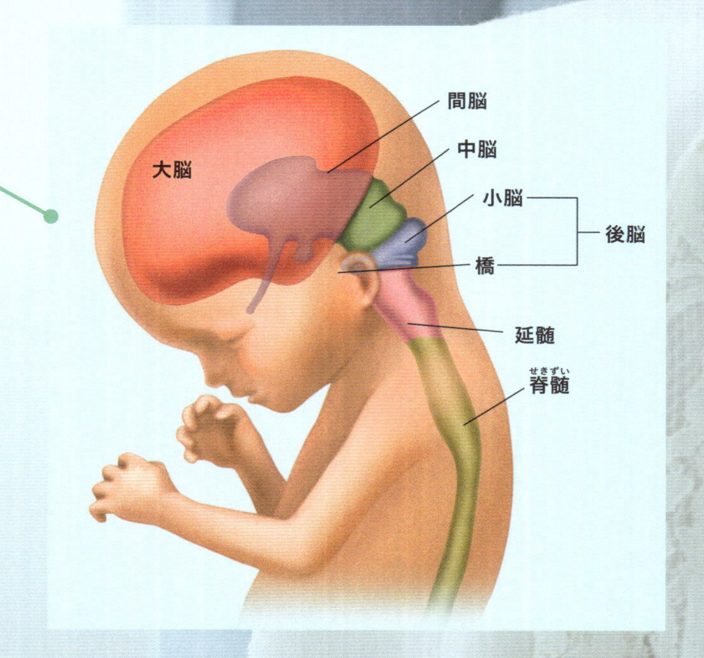

STEP 3

受精後9か月ごろ，大脳の成長が後頭部に達すると，下方へ，さらに前方外側へと成長し，「側頭葉」が形成される。また，大脳の表面にはしわが生じる。小脳も発達にともなって表面にたくさんのしわがきざまれるようになる。成人とちがい，初期の胎児は100％レム様睡眠であり，生まれたあともレム睡眠のほうが多い。これはこの時期に，脳を休ませるよりも，つくり育てるほうが重要だからだと考えられている。一方，成人になると，レム睡眠の比率は約20～25％にまで下がる。これは，脳をつくるよりも完成した機能を維持（いじ）することのほうが重要になってくるためだと考えられている。

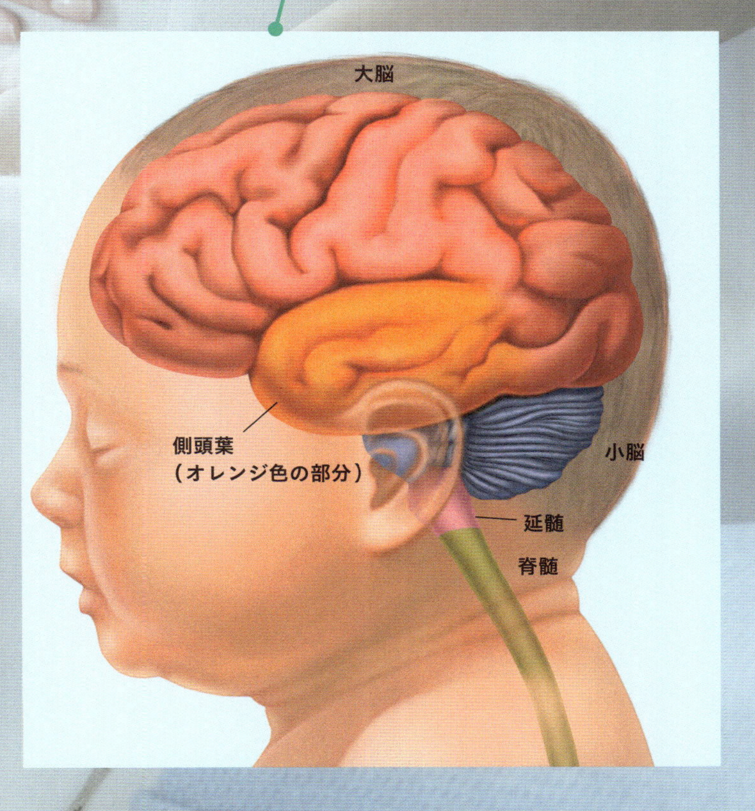

注：イラストの各段階での脳の形状は，主に『ネッター発生学アトラス』（南江堂），『受精卵からヒトになるまで 原著第4版』（医歯薬出版）などの図版を参考にしてえがいた。

赤ちゃんはどうやって睡眠リズムを手に入れるのか

STEP 1

赤ちゃんは成長するにつれて，いつの間にか，昼に活動して夜に眠るようになる。いったいどうやって睡眠リズムを形成するのだろうか？　睡眠リズムをかたちづくるのに深くかかわるものが体内時計だ。視交叉上核や睡眠・覚醒中枢はそれぞれの体内時計をきざんでいる。視交叉上核は光刺激によって全身の体内時計を1日24時間に調節するはたらきをもつが，この時期の赤ちゃんにはまだその機能がない。そのため，生まれたばかりの赤ちゃんは昼夜関係なく睡眠と覚醒をくりかえす。

STEP 2

生後1〜3か月ごろになると，まず視交叉上核と睡眠・覚醒中枢との間の神経が接続される。睡眠中枢と覚醒中枢は，関連する脳の部位に指令を出して，睡眠の状態と覚醒の状態をつくりだす役目がある。しかし，刺激を受ける網膜と視交叉上核をつなぐ神経はまだ接続されておらず，朝の光を使って体内時計の周期を調節することはできない。そのため，寝る時刻は日を追うごとに徐々に遅れつづけていく。

STEP 3

生後3か月以降には，「網膜—視交叉上核—睡眠・覚醒中枢」を結ぶ神経ネットワークがつくられる。網膜に入った光刺激が視交叉上核に届くことで，全身の体内時計は24時間周期に調節されるようになるのだ。その結果，朝のおきる時刻と夜の寝る時刻が一定になってくるのである。

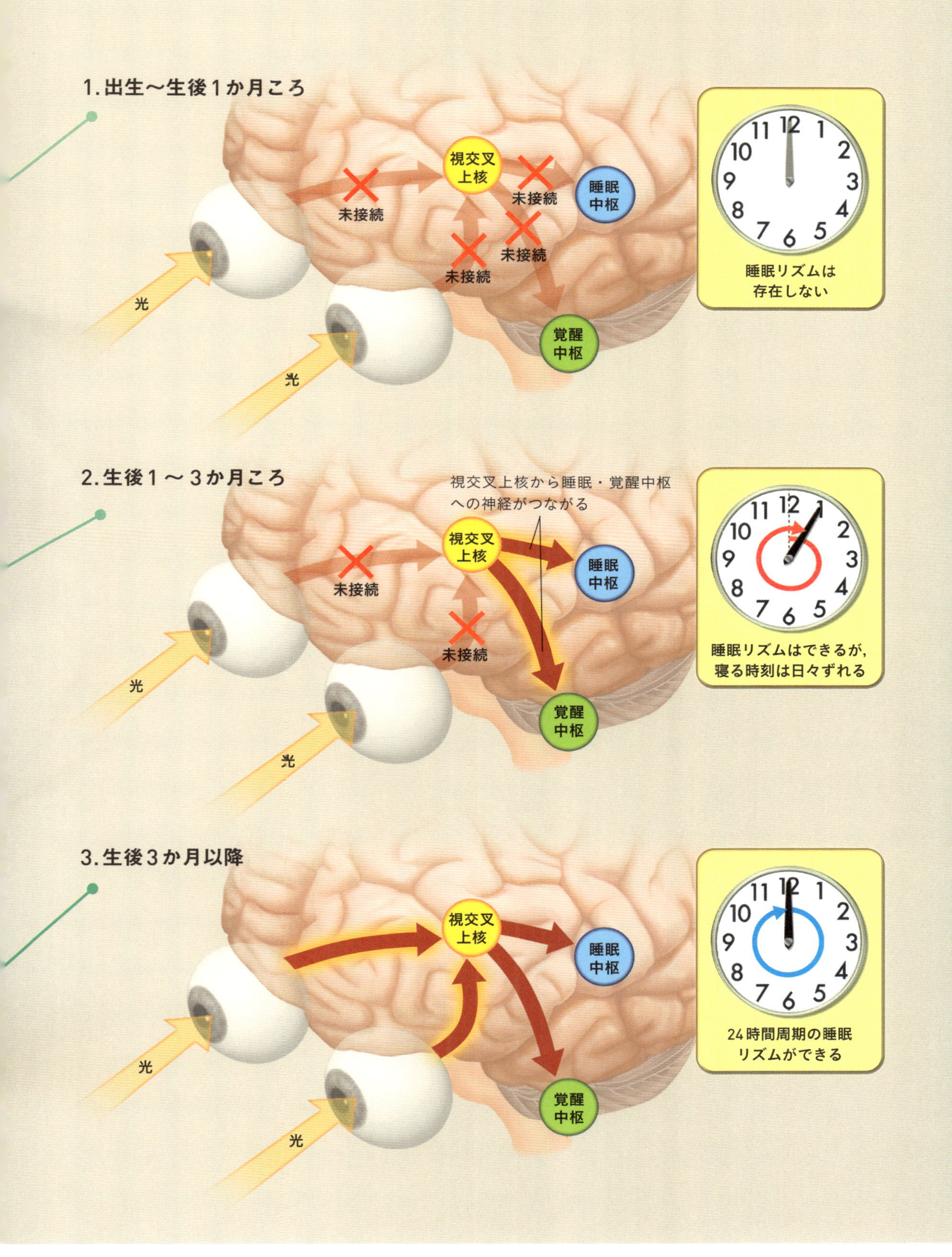
1. 出生～生後1か月ころ
光
光
視交叉上核
未接続
未接続
未接続
未接続
睡眠中枢
覚醒中枢
睡眠リズムは存在しない
2. 生後1～3か月ころ
視交叉上核から睡眠・覚醒中枢への神経がつながる
光
光
視交叉上核
未接続
未接続
睡眠中枢
覚醒中枢
睡眠リズムはできるが，寝る時刻は日々ずれる
3. 生後3か月以降
光
光
視交叉上核
睡眠中枢
覚醒中枢
24時間周期の睡眠リズムができる

4 ためになって面白い睡眠雑学

「金縛り(かなしば)」はなぜおきる？

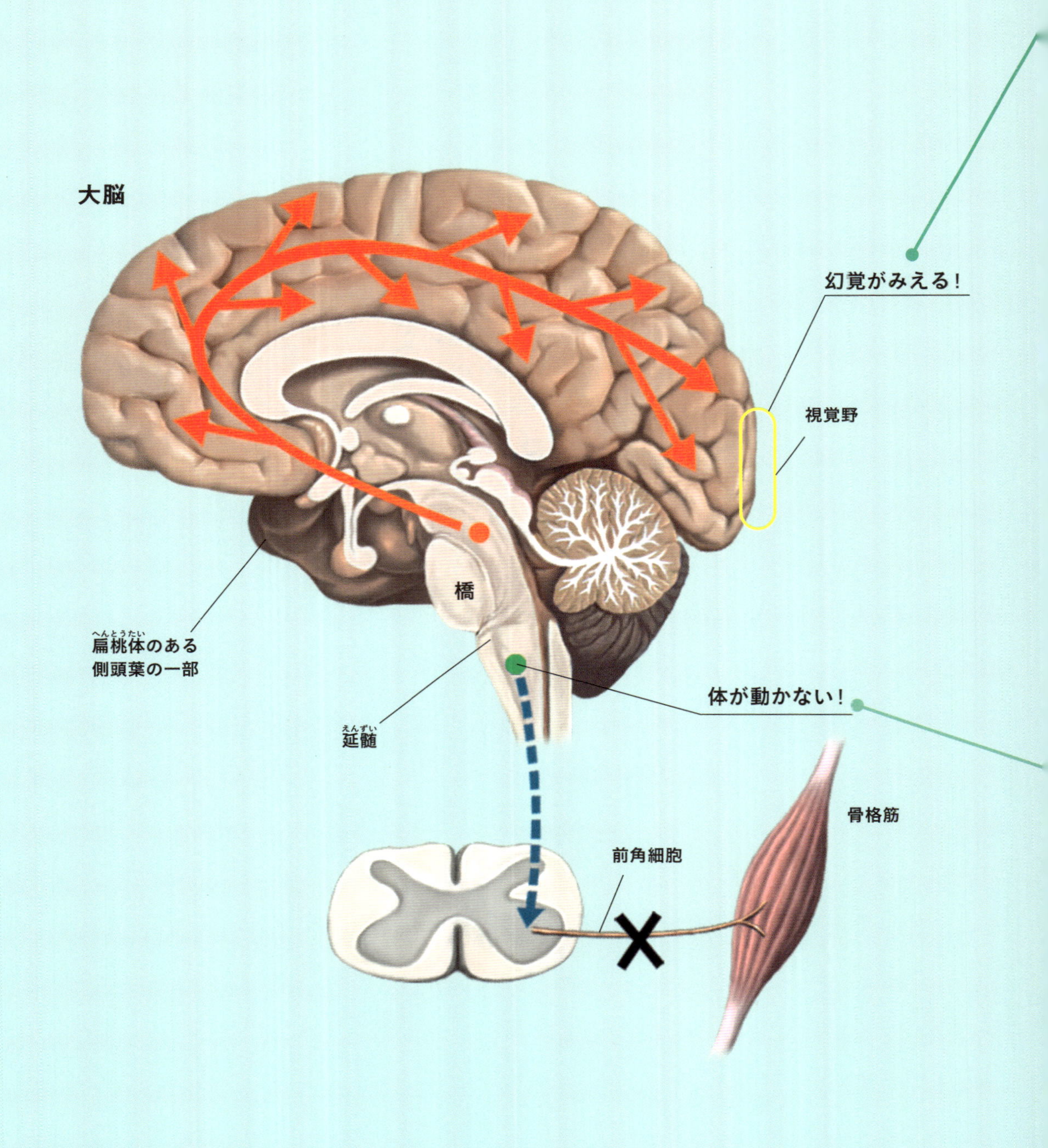

STEP 1

寝ていたら突然体が動かなくなり，何かが乗っているような感じがして，息苦しかった……そんな経験はないだろうか。いわゆる「金縛り」というものだ。ほかにも，「声が出ない」「恐怖感」「人の気配がする」「幻覚や幻聴を感じる」「だれかにさわられている」などの特徴があげられる。これら金縛りの奇妙な体験は，すべて睡眠中の脳のはたらきでおきるものだ。

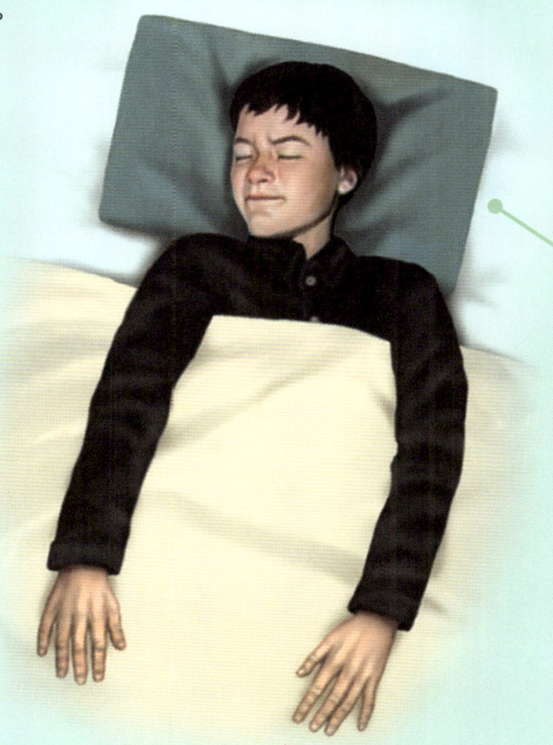

STEP 2

私たちが眠りはじめると，まずノンレム睡眠がおとずれ，その後レム睡眠に移る（10ページ）。しかし，ストレスが重なったり不規則な睡眠サイクルをくりかえしていたりすると，この順番がくずれ，眠りはじめにレム睡眠がやってくることがある。このときのレム睡眠時に経験する「睡眠麻痺」が，金縛りの正体なのだ。レム睡眠では，脊髄の前角細胞が抑制され，筋肉に動きの指令がだせなくなる（レム脱力）。そのため，金縛り中は体が動かなくなるのである。

STEP 3

幻覚は視覚野を含む大脳のあらゆる場所が刺激されることでおこる。金縛りの体験者がみているものは，すべて自分の脳がつくりだしたイメージ，つまり夢なのだ。ただし，金縛り中は通常のレム睡眠時より意識がはっきりしており，夢とは思えないほどの鮮明な体験（入眠時幻覚）となることが多いといわれている。このように，金縛りは心霊現象などではなく，レム睡眠に入った証拠だといえる。ナルコレプシー（72ページ）の患者では，金縛りや入眠時幻覚が毎晩のように頻繁に生じる。

4 ためになって面白い睡眠雑学

動物たちの睡眠はヒトとどうちがう？

STEP 3

イルカ，マナティー，アシカなどの海生哺乳類は，泳ぎながら脳の片方だけで眠ること（半球睡眠）ができる。活動しているほうの脳を使って呼吸を行い（脳と反対側の体の機能を制御），水中でおぼれないようにしていると考えられている。鳥類の一部も半球睡眠を行っている。また，マグロなど魚類の一部は泳ぎながら数秒間だけ眠っている。水族館で飼育されているマグロは，夜間に6秒間ほど泳ぐ速度が落ちることがあり，その間に眠っていると考えられている。

STEP 1

ヒト以外の動物たちの睡眠のとり方は，おどろくほど多様である。高度な脳を回復させるため，ヒトは長く持続した深い眠りを必要とする。安全な寝場所（家）をもっているため，ヒトは横になって一晩中，無防備に眠ることができる。チンパンジーやゴリラなどの大型類人猿も，外敵からはなれた場所に快適な寝床をつくり，ヒトと同じように長時間のまとまった睡眠をとる（単相性睡眠）。

STEP 2

その他の哺乳類の多くは，昼も夜も睡眠と覚醒のサイクルをくりかえしている（多相性睡眠）。短時間睡眠なのは，キリン（1～2時間），ゾウ（3～4時間）などだ。ゾウは外敵から身を守るため，親はつねに立ったままうとうとするが，子どもは親に守られながら横になって眠る。最長の睡眠時間をもつ哺乳類はコアラで，実に18～22時間を眠って過ごす。主食であるユーカリの葉は栄養価が低いうえに，含まれる有害物質を分解解毒することにエネルギーを使うためだ。また，鳥類であるアホウドリやカモメは飛びながら眠ることができる。

※:動物の眠り方については，『眠りを科学する』（朝倉書店），『動物たちはなぜ眠るのか』（丸善）などを参考にした。

4 ためになって面白い睡眠雑学

記憶力と睡眠には深い関係がある？

STEP 2

海馬ではたくさんの神経細胞どうしがつながり，複雑なネットワークを形成している。神経細胞の接合部であるシナプスのはたらきが，記憶と深く関係しているとされる。シナプスでは神経伝達物質が一定方向に送られている。受信側のニューロンは，その表面にある受容体でそれを受け取る。私たちが何かを記憶するときには，受容体の数がふえて，より多くの神経伝達物質を受信できる状態になる。このようにシナプスのつながりが強くなり，それが少なくとも数時間程度つづく現象は，「長期増強（LTP）」とよばれる。

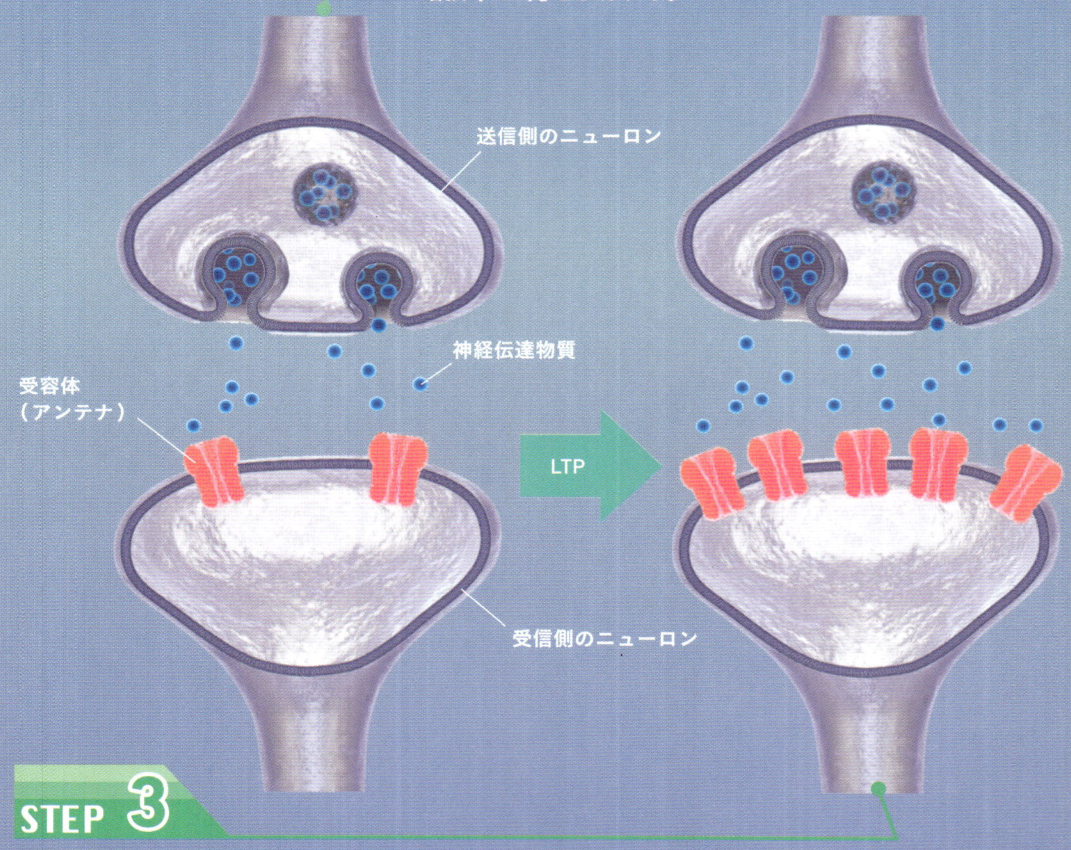

STEP 3

LTPがくりかえされると，記憶はしっかりと定着する。睡眠中にはLTPがくりかえしおこり，「リップル」という高周波の脳波が発生することが知られている。睡眠によって，シナプスのつながりが強められ，記憶の定着がうながされるのだ。また，記憶の消去をうながすのも睡眠である。不要な記憶に関与するシナプスのつながりを選択的に弱めることで，別の新たな記憶が可能になるという。これをうながすのもリップルである。このように，睡眠中の脳では記憶の再構築と強化が行われていると考えられるのだ。

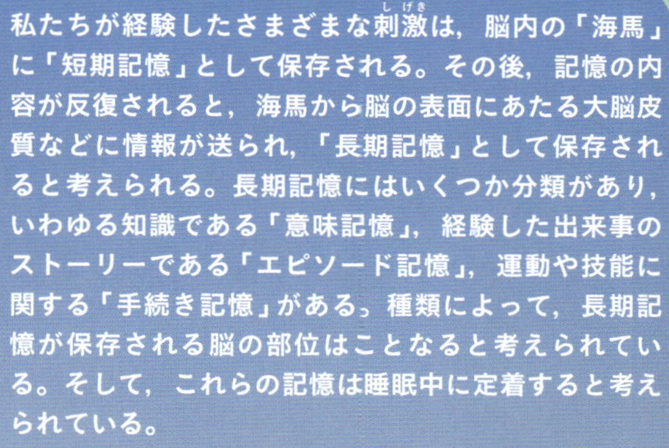

私たちが経験したさまざまな刺激(しげき)は，脳内の「海馬」に「短期記憶」として保存される。その後，記憶の内容が反復されると，海馬から脳の表面にあたる大脳皮質などに情報が送られ，「長期記憶」として保存されると考えられる。長期記憶にはいくつか分類があり，いわゆる知識である「意味記憶」，経験した出来事のストーリーである「エピソード記憶」，運動や技能に関する「手続き記憶」がある。種類によって，長期記憶が保存される脳の部位はことなると考えられている。そして，これらの記憶は睡眠中に定着すると考えられている。

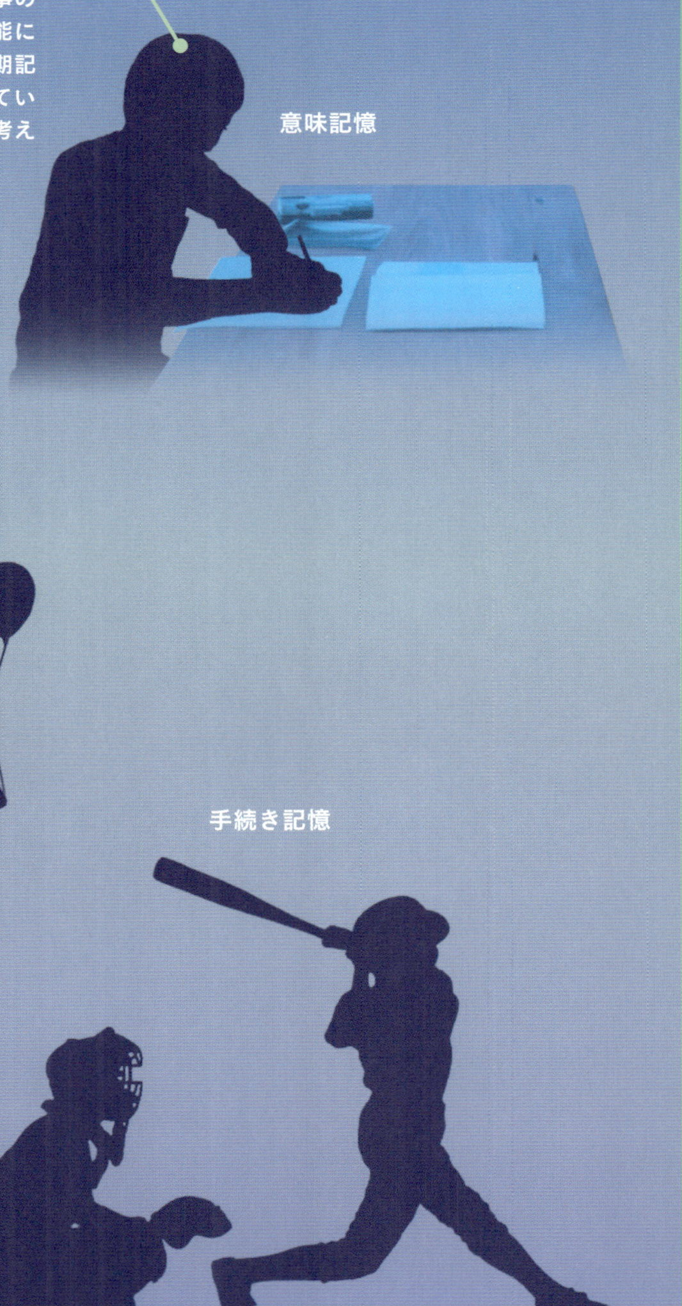

4 ためになって面白い睡眠雑学

天才たちは夢の中でひらめいている？

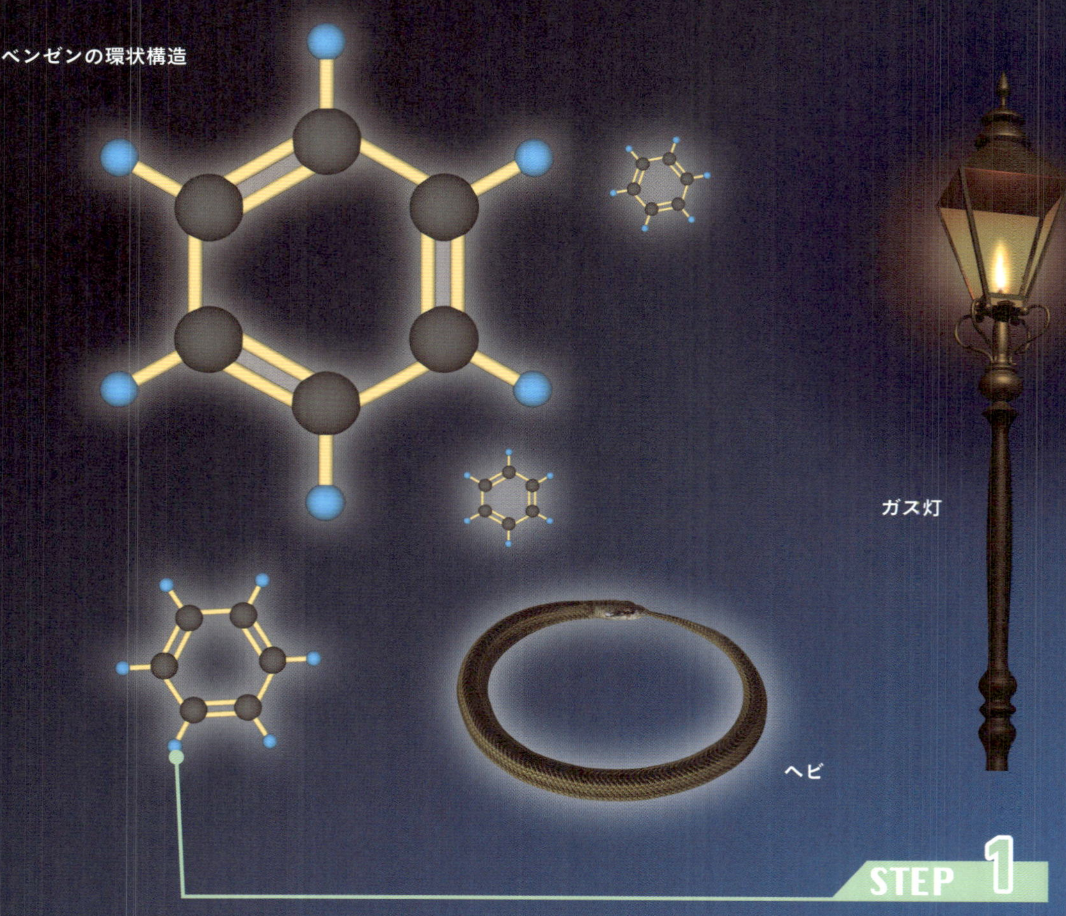

STEP 1

歴史に名を残す天才的な芸術家や科学者たちが，夢の中でひらめいたという話を聞いたことはないだろうか。たとえば，「記憶の固執」などの名画を残したスペインの天才画家サルバドール・ダリ（1904～1989）は，夢でみた光景を絵にかいたといわれている。もう一つ例をあげよう。19世紀に普及したガス灯から発見された分子「ベンゼン」の形はしばらく不明だった。しかし，ドイツの化学者アウグスト・ケクレ（1829～1896）は，原子がつらなってヘビのように動き，頭の部分が尾の部分にかみついた姿を夢にみて，炭素原子6個が六角形状に並ぶベンゼン環という構造を思いついたといわれている。なぜ，夢の中でひらめくことがあるのだろうか。

STEP 2

知識も含めた記憶が保存されている大脳皮質には，実にたくさんの神経細胞がつながっていて，いくつものネットワークをつくっている。その中の特定のネットワークに信号が流れると，分散して記憶していた大脳皮質の神経細胞が同時に活動することになり，まとまった一つの記憶として思いだされる。私たちが目覚めて活動しているときは，その時々で必要なこと以外に注意が向かないよう，必要な脳内の神経ネットワーク（図の線※の太い部分）のみが選ばれ，ほかの不要な情報は意識にのぼらないようにおさえられているとされる。

STEP 3

一方，レム睡眠中はこの抑制がはずれ，おきている間には結合がおさえられていた神経細胞もネットワークに組みこまれてくる可能性があるというのだ。これらの神経細胞の活動によって，目覚めている間はつながり合うことのなかった記憶どうしがつながり，通常では考えつかないような斬新なアイデアがひらめくのではないかと考えられるのである。とくに天才は，並はずれた集中力，興味と努力によって，ぼう大な専門知識や経験，さらには専門外の分野の知識も脳内にためこんでいるだろう。つなぎ合わせのおきる要素がたくさんあるため，普通の人よりはるかに多くの組み合わせができ，その中でひらめきが生まれているのかもしれない。

レム睡眠中の脳

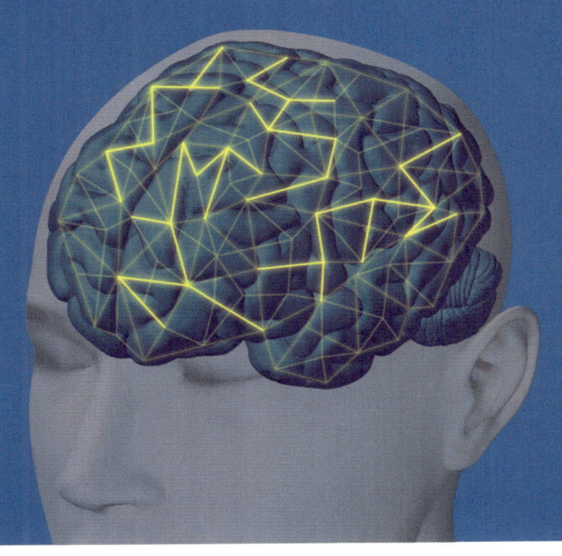

目覚めているときの脳

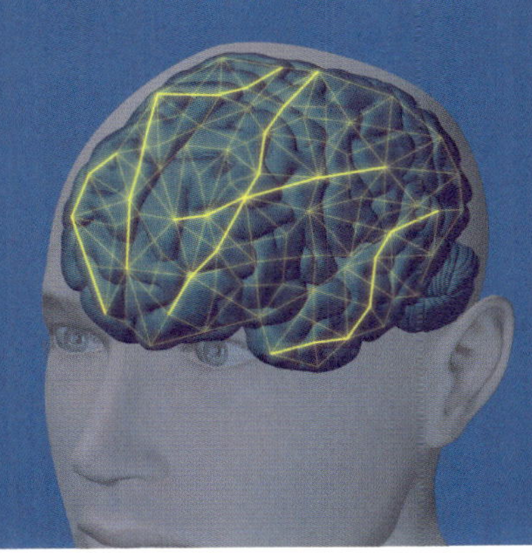

※：ちがいをわかりやすく示すため，脳内で活動している神経回路は極端に少なくえがいてある。

4 ためになって面白い睡眠雑学

Q&A

Q/ あくびはなぜ出てしまうのか？

A/ 大事な授業や会議の最中ほど，つい出てしまいがちな「あくび」。あくびはいったい何の役に立っているのだろうか？

あくびをするとき，私たちは口を大きく開け，深く息を吸ってから吐きだす。単なる深呼吸とのちがいは，意思とは無関係にしてしまう点だ。あくびには涙が出る，顔や全身の筋肉が引きのばされるなどの反応がともなう。さらに，顔の筋肉が引きのばされて生じる刺激が脳に伝わると，大脳の覚醒が引きおこされる。つまり，あくびをすると頭が多少はすっきりするのである。これも，深呼吸にはない，あくび特有の効果だ。

あくびを引きおこす引き金は何だろうか。「室内の酸素が不足するなど，空気が悪くなるとあくびが出る」という俗説を聞いたことはないだろうか。実際に脳出血や貧血など，脳内の血のめぐりに障害がおきた患者はしばしばあくびをすることなどから，脳内の酸素不足があくびを引きおこす要因の一つであることは確かだといえる。しかし，「室内の酸素不足」があくびを引きおこしているわけではないようだ。室内の酸素濃度を下げたり，二酸化炭素濃度を高めたりしても，あくびの頻度は変わらないとの報告がある。1回のあくび程度では，血液中の酸素不足が回復するとは考えにくい。

あくびの役割は酸素を取りこむことより，むしろ脳の不調に反応して，大脳を覚醒させることにあるといわれている。大勢の前でスピーチする直前など，緊張する場面であくびをしてしまった経験はないだろうか。実は，あくびの中枢（脳の視床下部にある室傍核という部位）は，心理的なストレスや肉体的な痛みに対する応答の中枢でもある。いくら眠くても，授業や会議中に眠るわけにはいかないだろう。あくびは，覚醒するべき状況であることを大脳に知らせる警報装置のような役割をもっているのかもしれない。

Q/ コーヒーは昼寝のあとよりも，前に飲んだほうがよい？

A/ 昼寝のあと，頭をすっきりさせて午後の活動に集中するために，コーヒーを飲む習慣があるという人もいるだろう。しかし，昼寝のあとにコーヒーを飲むよりも，昼寝前に飲むほうが理にかなっているのだ。

78ページでみたように，カフェインには覚醒作用がある。ただし，コーヒーに含まれるカフェインが体内で吸収されて血中濃度が最大になるのは，コーヒーを飲んでから約30分後なのだ。そのため，眠気覚ましにコーヒーを飲む場合は，昼寝からおきたときではなく，昼寝の前のほうが効果的なのである。24ページでみたように，昼寝の最適な時間は15～20分くらいである。30分以上寝ないようにするためにも，昼寝前にコーヒーを飲んでおくほうが，カフェインの覚醒効果をうまく利用できる。

Q/ 動物たちはなぜ冬眠する？

A/ 一部の哺乳類や鳥類の中には，寒い冬の間に巣穴や洞窟などにこもり，ただじっと寝てすごすものがいる。これが「冬眠」とよばれる状態だ。日本では，北海道に生息するシマリスやヒグマなどが冬眠をする。ただし同じ北海道の動物でも，キツネやウサギ，シカは冬眠しない。また，シベリアシマリスのように，同じ環境におかれた同じ種であっても，冬眠するものとしないもので個体差がある場合もあるという。

一見，ぬくぬく寝ているようにみえるかもしれないが，冬眠している動物の体は通常とは大きくことなる状態になっている。冬眠中の哺乳類などは，酸素の消費量が平常時の数％にまで減り，体温がまわりの温度よりも数℃高い程度の低温に保たれる。たとえば，リスが気温5℃の巣穴で冬眠するときは，体温は10℃以下になり，心拍数やエネルギー消費量も50分の1程度にまで低下するという。いわば，究極の省エネモードになっているといえる。冬眠中は心身の機能が大幅に低下するが，冬眠後は生体の組織や機能に異常をきたすことなく，自発的に元の状態にもどるという。こうすることで，動物たちは寒さが厳しく，食料の乏しい冬を乗り切るのである。

Q/ 天才たちは睡眠テクニックも独特だった？

A/ 90ページで紹介した画家のダリや，「発明王」とよばれたトーマス・エジソン（1847～1931）は，独特なスタイルで睡眠をとっていたという逸話がある。その睡眠テクニックとは，「手にスプーンやボールを持ったまま眠り，それらが床に落ちて音を立てたときに目を覚ます」というものだ。これは，「浅く眠ってすぐおきる」ためだったといわれている。このような睡眠を仕事前に行うことによって，アイデアやひらめきを生みだしていたというのだ。

フランスのパリ脳研究所の研究チームは，エジソンらの睡眠が，入眠直後におとずれるノンレム睡眠のステージ1のうちに目を覚ますテクニックだったと考え，2021年に検証を行っている※。それは次のようなものだ。実験の参加者には，あるパズルを解いてもらう。このパズルはルールにしたがってコツコツ計算すれば，時間はかかるが解けるようになっている。しかし，実はある規則性があり，それをひらめきによってみつけることができれば，かなり速く解くことができるようになっていたのだ。

この実験の途中で20分間の休憩が設けられていたのだが，その際，被験者は背もたれが倒れた椅子に座って，右手にものを持ったまま眠るように指示された。エジソンやダリのように，手に持ったものを落としておきるという状態を再現しようとしたのである。すると，ノンレム睡眠のステージ1まで眠ったあとにものを落としておきた人（24人）のほかに，眠れなかった人（49人）や，ステージ2まで眠ってからものを落としておきた人（14人）がいたという。その後，またパズルに挑戦してもらったのである。

結果は，ステージ1まで眠った人の中で規則性を発見できた割合は83％だったのに対し，眠れなかった人では31％，ステージ2まで眠った人では14％だった。つまり，浅く眠ってすぐおきた人は，眠れなかった人や深く眠った人よりも，ひらめきを発揮することができたのである。何かに煮つまっているときは，目を閉じて少しだけまどろんでみると，よいひらめきが生まれるかもしれない。

※：Lacaux C, et al. Sleep onset is a creative sweet spot. Sci Adv. 2021; 7: eabj5866.

Staff

Editorial Management	中村真哉	Design Format	村岡志津加（Studio Zucca）
Cover Design	秋廣翔子	Editorial Staff	上月隆志

Photograph

3	BoszyArtis/stock.adobe.com
4-5	polkadot/stock.adobe.com
8	metamorworks/stock.adobe.com，Vactora/stock.adobe.com
9	siro46/stock.adobe.com，Vactora/stock.adobe.com
23	lightwavemedia/stock.adobe.com
24-25	Liubomir/stock.adobe.com
26	JRstock/stock.adobe.com
28	株式会社 S'UIMIN
29	西川株式会社，画像提供：Google
46	djoronimo/stock.adobe.com
47	sebra/stock.adobe.com
49	Africa Studio/stock.adobe.com
65	buritora/stock.adobe.com
66-67	lalalululala/stock.adobe.com
68-69	candy1812/stock.adobe.com
72	Pressmaster/shutterstock.com
78-79	Kryuchka Yaroslav/stock.adobe.com
80-81	polkadot/stock.adobe.com
82-83	kai/stock.adobe.com

Illustration

表紙	Newton Press，黒田清桐
4-5	Newton Press
6	秋廣翔子・Newton Press
7	Newton Press
10-11	Newton Press
12-13	秋廣翔子，hiro_suzuki_sd/stock.adobe.com
13	mai/stock.adobe.com
14	autumnn/stock.adobe.com
14-15	秋廣翔子
16〜19	Newton Press
20-21	木下真一郎
22-23	Newton Press
25	Newton Press
26-27	Newton Press（分子モデル：4S0V，credit ②，MSMS molecular surface（Sanner,M.F., Spehner, J.-C., and Olson, A. J.（1996）Reduced surface: an efficient way to compute molecular surfaces. Biopolymers, Vol. 38, (3), 305-320)）
32-33	Newton Press
34-35	Newton Press（Credit ①）
36〜41	Newton Press
42-43	Newton Press（分子モデル：4S0V，credit ②，MSMS molecular surface（Sanner,M.F., Spehner, J.-C., and Olson, A. J.（1996）Reduced surface: an efficient way to compute molecular surfaces. Biopolymers, Vol. 38, (3), 305-320)）
44〜48	Newton Press
51〜59	Newton Press
60-61	Newton Press・高島達明（Credit ①）
62〜65	Newton Press
67〜68	Newton Press
70-71	Newton Press（分子モデル：4S0V，credit ②，MSMS molecular surface（Sanner,M.F., Spehner, J.-C., and Olson, A. J.（1996）Reduced surface: an efficient way to compute molecular surfaces. Biopolymers, Vol. 38, (3), 305-320)）
73	Newton Press
76-77	荻野瑶海
78-79	Newton Press
80-81	Newton Press
83〜85	Newton Press
86-87	黒田清桐
88〜91	Newton Press
credit ①	BodyParts3D, Copyright© 2008 ライフサイエンス統合データベースセンター licensed by CC 表示ー継承 2.1 日本（http://lifesciencedb.jp/bp3d/info/license/index.html），NewtonPress により加筆改変
credit ②	ePMV Johnson, G.T. and Autin, L., Goodsell, D.S.,Sanner, M.F., Olson, A.J.(2011). ePMV Embeds Molecular Modeling into Professional Animation Software Environments. Structure 19，293-303.

本書は主に，ニュートン別冊『睡眠のサイエンス』の一部記事を抜粋し，大幅に加筆・再編集したものです。

監修者略歴：

柳沢正史／やなぎさわ・まさし

筑波大学国際統合睡眠医科学研究機構（WPI-IIIS）機構長，教授。医学博士。1960 年，東京都生まれ。筑波大学大学院医学博士課程修了。現在の主な研究テーマは，睡眠･覚醒機構の解明と創薬への応用。31 歳で渡米し，テキサス大学サウスウェスタン医学センターとハワードヒューズ医学研究所で研究室を主宰。1988 年，血管収縮因子「エンドセリン」を発見，1998〜1999 年，脳内の覚醒物質「オレキシン」を発見した。これらの発見は，いずれも上市新薬の開発に直接結びついた。米国科学アカデミー正会員。紫綬褒章，慶應医学賞，文化功労者，ブレークスルー賞，クラリベイト引用栄誉賞など受賞多数。

図だけでわかる! 快眠の科学

2025年4月15日発行

発行人　松田洋太郎
編集人　中村真哉
発行所　株式会社 ニュートンプレス
〒112-0012東京都文京区大塚3-11-6
https://www.newtonpress.co.jp
電話 03-5940-2451

ISBN978-4-315-52906-7